JN079557

原材料から金属製品ができるまで

図解よくわかる

金属加工

吉村泰治 著

日刊工業新聞社

⌘ はじめに

　人類が初めて手にした金属は、金や銅と言われており、その時期はおおよそ紀元前7,000年から8,000年頃と推定されています。当時、人類が手にした金や銅は、自然金属と言われる天然に産出される金属であるため、その形状は不定形でした。当時、その不定形な金や銅を叩いたり、削ったりして目的とする形状へと形作ったと言われています。その後、鋳造や塑性加工、接合など、現代で行われている金属加工へと進化させていきました。そのため現代における金属加工の基礎は、当時、確立されたとも言われています。

　本書では、歴史のある金属加工について全8章で解説し、金属に関するトピックスをコラムとして紹介しました。各章の内容は、第1章では金属材料と金属加工の概論、第2章では金属材料の素材をつくる1次加工、第3章では素材に形状を付与して金属製品へと仕上げる金属加工、第4章では素材に機能を付与して金属製品へと仕上げる金属加工、第5章では金属加工を実現させる金型、第6章では金属加工を実現させる設備、第7章では金属加工を下支えする測定・評価技術、第8章では金属加工のこれから、となっています。特に、第8章では今後期待される3Dプリンティングに代表される金属積層造形やIoT技術、環境対応についても言及しました。

　本書は、メーカーに勤務する金属材料および金属加工を担当する技術者が、開発・物づくりの実経験を活かして金属加工に関して平易にわかりやすく解説しました。具体的には、従来までの金属加工に関する書籍の内容に留まらず、表面処理や金型、金属加工設備、測定・評価技術など幅広く網羅した内容としました。また、産業への応用という観点から、金属加工法同士の比較や、金属加工に欠かせない金属材料の特性との紐づけを行うように努めました。さらには、各分野の歴史、市場規模についても数値で示しました。

　本書の対象読者は、初めて金属加工について学ぼうとしている方であり、具体的には、高校生や高等専門学校生、大学生、金属を取り扱う素材・加工

メーカーの技術者や商社担当者、さらには、金属をはじめとする材料科学に興味を持たれている一般の方です。

　最後に、本書の発刊にあたり、日刊工業新聞社の木村氏および土坂氏にはお世話になりました。この場をお借りして深く感謝申し上げます。

2021年6月

吉村泰治

⌘ 目　次

第3章　元材に形状を付与し金属製品に仕上げる

第4章　元材に機能を付与し金属製品に仕上げる

第5章　金属加工を実現させる金型

第6章　金属加工を実現させる設備

第7章　金属加工を下支えする測定・評価技術

第8章　金属加工のこれから

Column

第 **1** 章

金属材料とその加工

1 人類の金属加工との出会い

金属加工は自由鍛造から始まり、溶解・鋳造、熱間鍛造、製錬、接合へと進化

1-1 人類の金属との出会い

　デンマークの考古学者トムセンは、人類の進化を使用した道具の材質で石器時代、青銅器時代、鉄器時代に分類する3時代法を提唱しました。その後、石器時代は、打ち欠いただけの打製石器を使用する旧石器時代と、磨いて仕上げた磨製石器が出現する新石器時代に分けられました。人類が金属と出会った時期は、おおよそ紀元前7,000から8,000年頃の新石器時代と言われており、ほぼ純粋な金属からなる自然金や自然銅との出会いだったようです。また、人類の金属との出会いは、天から降ってくる鉄－ニッケル合金からなる隕鉄もその1つだったようです。

1-2 金属加工の始まりは自由鍛造から

　人類の金属との歩みは、次のように進化していったと言われています。最初は、金属が光り輝くことから、金属を宝石として扱ったようです。次に、これらの金属が延性を有していることを知り、石などで叩いたり伸ばしたりしてさまざまな形状に形作る、いわゆる自由鍛造が行われました。これが金属加工の始まりでした。その後、金属を溶かして固める鋳造や加熱しながら叩く熱間鍛造を行い、鉱石を製錬して人工的に純金属を得るようになっていきました。

　金の加工技術は、小塊や砂金の冷間加工、溶解・鋳造、金よりも硬い金属を用いた型押し、の3段階を経て進化したと言われています。例えば、自然金の小塊を冷間で打ち延ばし、薄板や針金に形作られた金の装飾品が出土しています。また、金の溶解・鋳造は、新石器時代から青銅器時代への移行時に見出されたと言われています。

　北イラクのハラフ遺跡から出土した世界で最も古いとされる、紀元前4,500から5,500年頃の銅器は、自然銅を叩いて作られていたことがわかっています。その後、紀元前4,000年頃に偶然にもたき火や竈の炎にあたった孔雀石などの銅鉱石から金属銅が流れ出て、石のくぼみで固まったものを見て溶解・鋳造へとつながっていったようです。自然銅や銅鉱石を製錬した銅は柔らかく、刃物などには

使用できませんでしたが、その後、複数の金属同士を混ぜ合わせることによって高強度な金属が得られることを知り、紀元前3,000年頃には銅に錫を混ぜ合わせたCu-Sn合金の青銅器時代へとつながっていったと言われています。

　金属を加熱すると溶解し、冷却すると凝固することを知った人類は、この現象を物同士を接合する技術へと展開させたようです。例えば、紀元前3,500年頃のメソポタミア時代の銅製食器の銀製取手は、Sn-Cu合金、あるいはSn-Ag合金のはんだ付けで接合されています。また、紀元前1,300年頃のツタンカーメンの黄金マスクは、金の板を銀ろうや鍛造と組み合わせた鍛接で組み立てられています。

　以上のように、人類が自然金や自然銅と出会ってから、これらの金属が延性を有していることを知り、石などで叩いたり伸ばしたり切ったりして形作る、いわゆる自由鍛造が金属加工の始まりであったようです。その後、金属を溶かして固める溶解・鋳造、加熱しながら叩く熱間鍛造、鉱石からの製錬、接合へと金属加工技術が進化していったようです。

時代	年代	おおよその歴史
新石器時代	前 8000	人類の金属（金・銅）との出会い
	前 7000	
	前 6000	
	前 5000	自然銅を叩いて作られた銅器（自由鍛造）
	前 4000	銅鉱石から金属銅へ（溶解・鋳造）
青銅器時代		銀製取手のはんだ付け（接合） 金の溶解・鋳造
	前 3000	銅から青銅へ
鉄器時代	前 2000	青銅の武器・装飾品（鋳造） 製鉄技術の始まり
	前 1000	ツタンカーメンの黄金マスク（接合・鍛造） 鉄器への錫めっき（表面処理）

人類と金属加工の歩み

Point

● 人類が金属と出会った時期は、紀元前7,000から8,000年頃の新石器時代

● 金属加工の始まりは自由鍛造から

● その後、溶解・鋳造、熱間鍛造、製錬、接合へと進化

2 金属材料の種類と特徴

さまざまな種類と特徴を持つ金属材料

2-1　金属材料の種類

　世の中に存在するすべての物質の基本単位は元素で、その種類は118種類です。これらの元素からなり、工業的に使用される材料のことを工業材料と呼びます。工業材料を材質で分類すると、金属材料、樹脂材料、セラミックス材料、複合材料の4種類に大別されます。さらに、金属材料は、鉄とそれ以外で分類する鉄鋼材料/非鉄金属材料、生産・消費される量で分類するコモンメタル/レアメタル、密度が4〜5 g/cm^{3}の前後で分類する軽金属/重金属、金・銀などの化学的に安定で価値がある貴金属、などに分類されます。

　鉄鋼材料は最も多く生産され、使用されている金属材料です。「鉄は国家なり」と表現されるように、鉄はあらゆる産業の基盤となっています。非鉄金属材料は、鉄以外の金属材料のすべてであり、鉄が有していないさまざまな優れた特徴を持っています。多く生産・消費される鉄と、銅、アルミニウム、鉛、亜鉛、錫の5種類の非鉄金属材料をコモンメタル、もしくはベースメタルと呼びます。コモンメタル、もしくはベースメタルに対して、非鉄金属材料の中で生産・消費量の少ない元素をレアメタルと呼び、47種類の非鉄金属材料が該当し、海外ではマイナーメタルとも呼ばれています。

　密度が4〜5 g/cm^{3}前後の金属を軽金属と呼び、アルミニウム、マグネシウム、チタンが該当します。これらの金属およびその合金は、構造体の軽量化を図る場合に重要な金属材料となります。

　化学的に安定で希少な非鉄金属材料を貴金属と呼び、金、銀、プラチナ、パラジウム、ルテニウム、ロジウム、イリジウム、オスニウムの8種類の非鉄金属材料が該当します。

2-2　金属材料の特徴

　金属材料、樹脂材料、セラミックス材料の中で、金属材料の特徴は、金属光沢を有すること、熱や電気を伝えやすいこと、よく伸びて延性があることの3つが挙げられます。これら3つの特徴は、原子間の化学結合によるところが大きいです。

　化学結合には幾つかの種類があり、具体的には、金属結合、共有結合、イオン結合があります。この中で、金属結合は金属の化学結合で、規則正しく配列した陽イオンの間を自由電子が自由に動き回り、これらの間に働く静電気引力で結び付けられています。この自由電子があることにより、金属の電気伝導性や熱伝導性が大きいという性質や、金属の優れた延性につながっています。また、金属の特徴の1つである金属光沢は、自由電子によって光が反射されることが原因です。

　さびが発生することも、樹脂材料、セラミックス材料にはない、金属材料の特徴と言えます。金属材料は、自然界に存在する酸化物や硫化物などの鉱石を人間が製錬して人工的に作られた物質です。そのため、金属は熱力学的に不安定な状態なため、金属が水や酸素と共存すると化学的に反応し、金属は元の安定な鉱石に戻ろうとします。この化学反応を腐食と呼び、反応によってさびが金属に発生します。さびやすさは、金属の種類によって異なります。

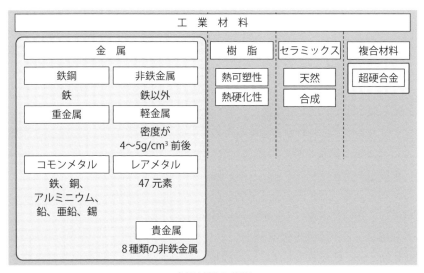

金属材料の分類

oint

- 工業材料は、金属材料、セラミックス材料、樹脂材料、複合材料の4種類
- 金属は、鉄とそれ以外、生産・消費される量、密度4〜5 g/cm³前後で分類
- 金属の特徴は、金属光沢、良好な熱・電気伝導性、優れた延性、さびやすさ

3 鉄鋼材料

私たちの身の周りでさまざまな用途に使用されている金属材料

3-1　鉄鋼材料の特徴

　鉄を主成分とする金属材料のことを鉄鋼材料と呼びます。鉄鋼材料は、ビルや橋などの建造物の骨組み、自動車のボディー、列車のレール、マンホール、飲料缶など、私たちの身の周りでさまざまな用途に使用されている金属材料です。

　圧延、鍛造といった金属加工を施す前の元材を粗鋼と呼び、その生産量は鉄鋼材料の生産高を示すバロメーターとなっています。2018年の世界粗鋼生産量は約18億800万トンと膨大な量となっています。粗鋼生産量を他の金属材料の元材と重量ベースで比較すると、アルミニウム地金に対して約30倍、銅地金に対して約70倍となります。

3-2　鉄鋼材料の分類

　鉄鋼材料の分類方法にはさまざまな種類があります。その1つが炭素含有量による分類です。具体的には、炭素量が0.02％以下の鉄を工業用純鉄、0.02〜2.11％を鋼、2.11％以上を鋳鉄と分類します。鉄鋼材料は、炭素含有量によって強度をはじめとする特性が変化するため、炭素は鉄鋼材料にとって重要な添加元素と言えます。鉄鋼材料への添加元素の種類による分類もあります。具体的には、炭素、ケイ素、マンガン、リン、硫黄を含有する普通鋼と、炭素含有量を規定してクロムやニッケル、モリブデンなどを添加した特殊鋼による分類です。特殊鋼は、さらに合金鋼、工具鋼、特殊用途鋼に分けられます。

　普通鋼は、日本産業規格のSS材、SM材、SB材、SG材、SPH材、SPHT材、SAPH材、SPC材が該当します。一般構造用圧延鋼材は、SS材と呼び、建築や橋、車両などの構造物に使用されます。溶接構造用圧延鋼材は、SM材と呼び、SS材に次いで多く使われています。冷間圧延鋼板および鋼帯は、SPC材と呼び、熱間圧延材を酸洗い後、冷間圧延した鋼板で、厚みは0.15〜3.2 mmが一般的です。

　合金鋼は、日本産業規格のSC材やSCr材、SCM材が該当します。SC材は機械構造用炭素鋼のことで、炭素量が0.1〜0.58％までの範囲で規定されていま

す。SCr材は機械構造用炭素鋼に約1％のクロムを添加し、焼入れ性を向上させています。SCM材は約1％のクロムの他に、0.25％程度のモリブデンも添加し、焼入れ性をさらに向上させて、強力ボルトやクランク軸などに用いられています。

　工具鋼は、炭素工具鋼、合金工具鋼、高速度工具鋼に分類されます。炭素工具鋼は、日本産業規格のSK材で、炭素以外に特別な元素を含まず、炭素量が1〜1.3％の高炭素のものは耐摩耗性が要求されるやすりやドリル、炭素量が0.6〜0.9％の低炭素のものはたがねや刻印に、それぞれ使用されます。合金工具鋼は、日本産業規格のSKS材やSKD材で、炭素工具鋼の特性を改善するために、ケイ素、マンガン、クロム、タングステン、モリブデン、バナジウムなどを添加したもので、切削工具用、冷間金型用、熱間金型用に分類されています。高速度工具鋼は、日本産業規格のSKH材で、高速度切削に耐える工具鋼のことで、高温における耐摩耗性が優れていることが要件となります。

　特殊用途鋼は、ステンレス鋼や耐熱鋼、ばね鋼、軸受鋼に分類されます。ステンレス鋼とはクロムを11％以上含有する鉄鋼材料のことで、ステンレス鋼表面に生成する不働態皮膜によって、さびが発生し難く、優れた耐食性を有しています。そのため、フォークやスプーン、鍋、やかんなどのキッチン用品、公園遊具、列車の外装に使用されています。

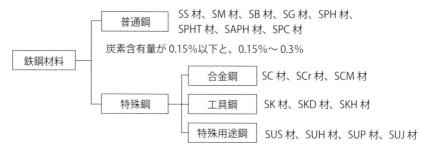

鉄鋼材料の分類

oint

● 鉄鋼材料は、鉄を主成分とする金属材料のこと
● 粗鋼の生産量は、鉄鋼材料の生産高を示すバロメーター
● 鉄鋼材料は、炭素含有量や添加元素の種類による分類

非鉄金属材料

鉄を主成分とする鉄鋼材料以外の金属およびその合金

4-1 非鉄金属材料の特徴

　非鉄金属材料は、鉄を主成分とする鉄鋼材料やステンレス鋼以外の金属およびその合金すべてを対象としています。代表的な非鉄金属材料としては、銅、アルミニウム、チタン、マグネシウム、金、銀、亜鉛、錫などの金属およびその合金が挙げられます。これらの非鉄金属材料は、鉄鋼材料では得られない優れた特性をそれぞれ有しており、構造材料から機能材料まで用途が幅広いです。また、非鉄金属材料は、鉄鋼材料へ添加することによりその特性を向上させる役割もあります。

　金属材料を選定する上での指標として、例えば、融点、弾性率、密度、電気抵抗率、熱伝導率の観点で、非鉄金属材料と鉄鋼材料を金属元素で比較すると、非鉄金属材料が鉄では得られない優れた特性を有していることがわかります。例えば、金属加工における溶解のしやすさの指標となる融点に関して錫は鉄の約6分の1、金属製品の軽量性の指標となる密度に関してマグネシウムは鉄の約4分の1、熱の伝えやすさの指標となる熱伝導率に関して銀は鉄の約6倍となります。一方、金属製品のたわみ難さの指標とする弾性率は、鉄鋼材料が非鉄金属材料より優れています。また、鉄鋼材料の材料価格が非鉄金属材料よりも安価な点もあり、私たちの身の周りの構造物に鉄鋼材料が多く使用されている理由の1つです。

　次項以降で銅とアルミニウムおよびそれらの合金について解説しますので、ここではチタン、マグネシウム、亜鉛について説明します。

4-2　チタン、マグネシウムの特徴

　ギリシャ神話の巨人タイタンにちなんで名づけられたチタンは、その密度が$4.5 \, \text{g/cm}^3$と小さく、アルミニウムと同様に軽金属に位置付けられます。チタンおよびチタン合金は、単位重量当たりの強度を表す比強度が高く、また耐食性にも優れていますので、航空機などの輸送機器やスポーツ器具、化学プラントに使用されています。

　マグネシウムは、その密度が1.7 g/cm^{3}と、工業的に使用されている構造用金属材料の中で最も密度が低い金属材料です。そのため、マグネシウム合金は輸送機器などの軽量化に向けた金属材料として期待されています。その一方で、マグネシウムの課題は耐食性と言えますので、マグネシウムへの新たな表面処理技術が開発されています。

4-3　亜鉛の特徴

　亜鉛の最大の用途は、鉄鋼材料の防食用めっきです。これは、亜鉛の鉄に対する犠牲防食作用を活かした用途であり、鉄鋼材料の表面に亜鉛めっきしたものをトタンと呼びます。また、亜鉛にアルミニウムなどを添加した亜鉛合金は、融点が低く湯流れもよいため、ダイカスト用合金として用いられて、自動車や家電部品、玩具、日用品に使用されています。

	融点 (℃)	弾性率 (10^{11}Pa)	密度 (g/cm^3)	電気抵抗率 ($10^{-2}\mu\Omega$m)	熱伝導率 (W/(mK))
	低いほど 溶解しやすい	高いほど たわみ難い	低いほど 軽い	低いほど 伝えやすい	高いほど 伝えやすい
鉄	1536	1.9	7.9	10.1	78
銅	1084	1.4	8.9	1.7	397
アルミニウム	660	0.8	2.7	2.7	238
チタン	1667	1.1	4.5	54	22
マグネシウム	649	0.4	1.7	4.2	156
金	1063	0.9	19.3	2.2	316
銀	961	1.0	10.5	1.6	425
亜鉛	420	1.2	7.1	6.0	120
錫	232	0.6	5.8	12.6	73

　　　　　　　　　　　　　　　　　　　　　　　　：鉄より優れている部分

鉄と非鉄金属の比較

Point
- 鉄鋼材料では得られない特性を有し、構造材料から機能材料まで用途が広い
- 鉄鋼材料へ添加して特性を向上させる効果
- 銅、アルミニウム、チタン、マグネシウム、金、銀、亜鉛、錫など

5 銅と銅合金

人類が初めて手にした歴史ある非鉄金属材料

5-1　銅と銅合金の特徴

　銅は、人類が初めて手にした金属と言われており、その時期は紀元前7,000年から8,000年頃と言われています。銅は、銅鉱石以外にほぼ純銅に近い自然銅も産出されることから、人と銅の出会いは比較的容易だったと推測されます。

　電気銅と呼ばれる銅地金は、銅鉱石である黄銅鉱や輝銅鉱を製錬・精錬して製造されます。2018年の世界における電気銅の生産量は約2,370万トンで、電気銅生産国の第1位は中国、第2位はチリです。一方、2018年の世界における電気銅の消費量は約2,380万トンで、電気銅消費国の第1位は中国、第2位はアメリカです。このように、中国は世界一の電気銅の生産国でもあり、消費国でもあります。

　銅は、アルミニウムと並ぶ代表的な非鉄金属材料です。銅の優れた特性は、銀に次ぐ優れた電気導電性と熱伝導性を有していることです。そのため、銅は電線や電気電子機器の配線や、エアコンなどの熱交換機、プロの料理人が使用するお鍋やフライパンに使用されています。また、銅は金と同様に有色な金属なので、装飾用途にも使用されます。最近では、銅の抗菌・抗ウイルスの効果についても注目されています。

5-2　銅と銅合金の種類と用途

　銅および銅合金を大別すると、板、条、管、棒、線などの形状に塑性加工する展伸材と、高温で溶かした溶湯を型の空洞に流し込んで冷やして固めた鋳物に分けられます。特に、銅および銅合金の展伸材のことを伸銅品とも呼びます。銅は、他の金属材料と同様に合金化により特性が向上するので、展伸材と鋳物にはそれぞれの銅および銅合金種が日本産業規格で規定されています。具体的には、銅・高銅系、銅に亜鉛を添加したCu-Zn合金の黄銅系、銅に錫を添加したCu-Sn合金の青銅系、銅にアルミニウムを添加したCu-Al合金のアルミニウム青銅系、銅にニッケルを添加したCu-Ni合金の白銅系があります。

　銅・高銅系は、銅の優れた電気伝導性や熱伝導性の特性を活かした用途に使用されており、銅系のタフピッチ銅や無酸素銅、リン脱酸銅、高銅系のコルソン合

金やベリリウム合金があります。黄銅系と青銅系は、古くから知られる代表的な銅合金で、鋳物でできた街角のモニュメントからさまざまな機械部品に使用されます。アルミニウム青銅系も、優れた機械的性質と耐食性を有しているので、機械部品に使用されます。一方、白銅系は、キュプロニッケルと呼ばれる耐食性に優れた銅合金で、さまざまな化学プラントに使用されます。なお、白銅系は50円硬貨や100円硬貨にも使用されています。また、Cu-Zn合金からなる黄銅にニッケルを添加したCu-Zn-Ni合金は、洋白と呼ばれ、その色調が銀白色であることから装飾品に使用されています。

　切削加工時の抵抗が低く、切粉が分断しやすくした、快削黄銅や快削青銅があります。これらの銅合金は、鉛が添加されたCu-Zn-Pb合金やCu-Sn-Pb合金が中心でしたが、近年、鉛の人体に対する影響も問題となり、鉛フリー銅合金が開発され、実用化されています。具体的には、鉛をケイ素で代替させたCu-Zn-Si銅合金や、鉛をビスマスで代替させたCu-Zn-Bi銅合金があります。

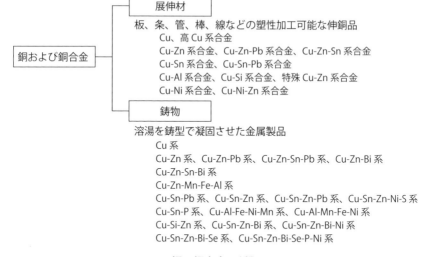

銅と銅合金の種類

oint

- ● 特徴は、優れた電気導電性と熱伝導性、有色金属、抗菌・抗ウイルス性
- ● 用途は、電線や配線、熱交換機、機械部品、装飾品など幅広い
- ● 快削黄銅や快削青銅は、鉛フリー化へ

6 アルミニウムとアルミニウム合金

さまざまな優れた特性を有する代表的な非鉄金属材料の1つ

6-1　アルミニウムとアルミニウム合金の特徴

　アルミニウムは、今から200年弱前の1825年にデンマークのエルステッドによって発見されたのが始まりで、比較的歴史の浅い金属材料です。原材料となるアルミニウム地金は、アルミニウム鉱石であるボーキサイトを製錬して造られます。このようなボーキサイトから製錬されたアルミニウム地金のことを新地金、使用されたアルミニウムを再利用する地金を再生地金とそれぞれ呼びます。

　アルミニウムの生産量は非鉄金属材料の中で最も多く、2018年の世界におけるアルミニウム新地金の生産量は約5,960万トンで、その5割以上は中国で生産されています。一方、2018年の世界におけるアルミニウム新地金の消費量は約5,990万トンで、アルミニウム地金生産と同様にその5割以上は中国で消費されています。

　アルミニウムは、さまざまな優れた特性を有していることから、銅と同様に代表的な非鉄金属の1つであり、近年、最も注目されている金属材料と言えます。アルミニウムの優れた特性の1つ目は、その低い密度にあります。密度とは単位体積あたりの重量のことで、鉄の密度が$7.9\ \mathrm{g/cm^3}$に対してアルミニウムは$2.7\ \mathrm{g/cm^3}$と、アルミニウムの密度は鉄の3分の1なので、輸送機器の軽量化に貢献しています。2つ目の特徴は、銅に次ぐ優れた電気導電性を有していることです。そのため、銅とアルミニウムの材料価格差も相成って、銅からアルミニウムへの代替、具体的には、街中の電柱に張られた配電線や、更には電装化が進んだ自動車のワイヤーハーネスなどの配電線にも使用され始めています。

6-2　アルミニウムとアルミニウム合金の種類

　アルミニウムおよびアルミニウム合金を大別すると、板、条、型材、管、棒、線、箔などの形状に塑性加工する展伸材と、高温で溶かした溶湯を型の空洞に流し込んで冷やして固めた鋳物に分けられます。代表的な展伸用アルミニウム合金と鋳造用アルミニウム合金は日本産業規格で規定されてます。それぞれのアルミニウム合金は、特性を向上させるための熱処理の有無によっても分類されます。

代表的な展伸用アルミニウム合金は、熱処理型合金で6000系のAl-Mg-Si合金、7000系のAl-Zn-Mg合金およびAl-Zn-Mg-Cu合金、非熱処理型合金で3000系のAl-Mn合金、5000系のAl-Mg合金が挙げられます。一方、鋳物用アルミニウム合金は、AC3AやADC1のAl-Si系が主流です。

6-3　身近なアルミニウム製品

　私たちの身の周りで最も身近なアルミニウム製品として、飲料用のアルミニウム缶が挙げられます。2019年度の日本のアルミニウム缶の需要量は、個数で217億個、重量で約33万トンでした。アルミニウム缶は、管エンドとボディーの2つの部品からなり、管エンドは強度の観点から5000系のAl-Mg合金、ボディーは深絞り成形性の観点から3000系のAl-Mn合金がそれぞれ使用されています。また、アルミニウム缶のリサイクル率は高く、2019年度のリサイクル率は97.9％でした。

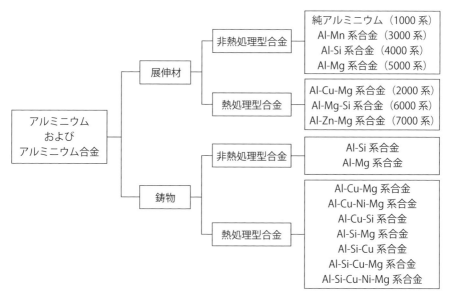

アルミニウムとアルミニウム合金の種類

oint

- 歴史は浅いが、近年、最も注目されている金属材料
- 密度は鉄の3分の1
- 銅に次ぐ優れた電気導電性を有する

7 金属加工の目的と分類

金属材料にエネルギーを与えて形状や機能を付与して金属製品へと仕上げる

7-1 金属加工とは

　私たちの身の周りにあるさまざまな金属製品は、それぞれに求められる製品要件に基づいて、使用する金属材料と金属加工プロセスが選定されて仕上げられています。例えば、食べ物をすくって口に運ぶ金属スプーンは、使用し続けても変形せずにさびにくいことが求められますので、その金属材料に強度があってさびにくいステンレス鋼が使用されます。また、スプーンの食べ物をすくうのに十分な凹形状は、ステンレス鋼の一般的な金属加工法である塑性加工でエネルギーを与えて付与されます。また、スプーンの滑らかな表面は、研磨によって仕上げられます。このように、製品要件に基づいて選定された金属材料にエネルギーを与えて形状や機能を付与して金属製品へと仕上げることを金属加工と呼びます。

7-2 1次加工と2次加工

　金属加工は、素材を形作る1次加工と、素材に形状や機能を付与し金属製品に仕上げる2次加工に分けられます。1次加工で使用する元材は、鉱石を製錬・精錬して製造されます。具体的な元材として、鉄鋼材料であれば粗鋼、銅であれば電気銅、アルミニウムであればアルミニウム地金が挙げられます。また、元材として、使用済みのリサイクル材も使用されます。

　これらの元材を、溶解、鋳造、アトマイズ、粉末冶金、圧延、押出、伸線・引抜きなどの1次加工をし、スラブやブルーム、ビレットと呼ばれる鋳塊、粉末、板、条、型材、管、棒、線、箔などの素材に仕上げます。

　1次加工で形作られた素材に形状や機能を付与し金属製品に仕上げることを2次加工と呼びます。具体的な形状を付与する2次加工としては、鍛造、絞り・張出し、切断・せん断、曲げ、切削、研削、接合、があります。また、機能を付与する2次加工としては、熱処理、めっきや化成処理などの表面処理があります。これらの2次加工の多くは、いくつかの2次加工を組み合わせて行われる場合が多いようです。

7-3　その他の金属加工の分類

　金属加工の分類は、上述の1次加工/2次加工の分類以外にいくつかあります。具体的には、金属加工に使用するエネルギーによる分類や、形状付与の違いによる分類などがあります。エネルギーによる分類は、機械的エネルギー、熱的エネルギー、化学的エネルギーの3つに分けられます。また、形状付与の違いによる分類は、重量変化の観点で、付加、変形、除去の3つに分けられます。また、金属加工は、金型や工具を使用して被加工材である金属材料を加工しますので、金型や工具と被加工材の接触有無による分類や、次項で述べる金属の状態による分類もあります。

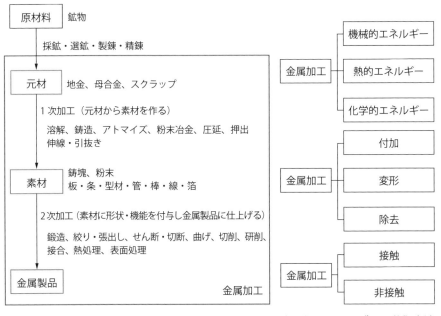

金属加工の流れ　　　　　　　金属加工のさまざまな分類方法

oint

● 素材を形作る1次加工、形状や機能を付与して金属製品に仕上げる2次加工

● いくつかの2次加工を組み合わせて行う場合が多い

● エネルギーによる分類、形状付与の違いによる分類、接触有無による分類

8 金属加工に重要な材料特性

金属材料の特性を考慮した金属加工プロセス選定

8-1 QCDは物づくりで重視する3要素

　物づくりにおいて、品質（Quality）、コスト（Cost）、納期（Delivery）は、物づくりで重視する3要素とされており、それぞれの頭文字をつなげてQCDとも表現されています。一般的に品質を良くしようと思えばコストが増える、納期を早めようとしたら品質が疎かになる、といったように、これらの3要素はトレードオフの場合が多いです。物づくりにおいては、品質・コスト・納期のバランスをとることが必要となります。金属加工においても同様で、そのためには、金属材料の特性を考慮した金属加工プロセス選定がポイントとなります。

8-2 金属の状態による金属加工の分類

　金属加工プロセスを金属の状態で分類すると次の3つに分けられます。1つ目は、金属を加熱・冷却させて金属を固体から液体、液体から固体に変化させる金属加工プロセスで、具体的には溶解・鋳造、アトマイズ、溶接などが当てはまります。2つ目は、固体の金属を室温や高温で塑性変形させる金属加工プロセスで、具体的には圧延、押出、伸線・引抜き、鍛造、絞り・張出し、曲げなどが当てはまります。3つ目は、固体の金属を塑性変形し続けて破壊させる金属加工プロセスで、せん断、切削、研削などが当てはまります。

8-3 金属加工プロセス選定

　金属材料の特性は、それぞれ異なりますので、最適な金属加工法を選定する場合、金属材料の融点、強度や伸びなどの金属の材料特性の視点が必要となります。例えば、食事に使用する金属スプーンを例に挙げて説明します。

　金属スプーンの加工方法は、①液体の金属材料をスプーン形状の型に注ぎ込む鋳造加工でスプーン形状を得る方法、②固体の金属材料を塑性加工してスプーン形状を得る方法の2種類が考えられます。①は、一発でスプーン形状を得ることができるメリットはありますが、使用する金属材料の特性として、金属が溶ける温度、いわゆる融点の低さや、溶けた金属の鋳型空洞への流れやすさが求められます。鋳造加工においては、融点が低い金属材料の方が適しています。それは、

金属を溶解するために投入する熱エネルギーを抑えることもできますし、固める
のに使用する鋳型の寿命も長くなるからです。②は、①よりも寸法精度の良さが
メリットとしてありますが、金属材料の特性として変形のしやすさが求められま
す。塑性加工においては、変形抵抗の低い金属材料の方が、塑性変形時に投入す
る機械的エネルギーを抑えることが可能となり、プレス加工に使用する金型の寿
命も向上します。

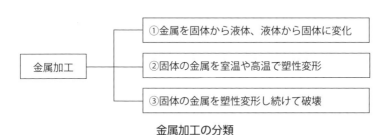

金属加工の分類

		普通鋼	ステンレス鋼	鋳鉄	銅および銅合金	アルミニウムおよびアルミニウム合金	チタンおよびチタン合金	ニッケルおよびニッケル合金
①	砂型鋳造	○	○	○	○	○	△	○
	ダイカスト	×	×	×	△	○	×	×
	粉末冶金	○	○	×	○	○	△	○
②	押出し加工	○	△	×	○	○	△	×
	プレス加工	○	○	×	○	○	△	△
③	切削加工	○	○	○	○	○	△	△

○：適用可、△：難しいもしくは一般的でない、×：適用不可

金属加工法と金属材料の相性

oint

● 品質（Quality）、コスト（Cost）、納期（Delivery）は、物づくりの3要素
● 金属の状態による金属加工の3分類
● 金属の材料特性の視点

Column 01

〜かつては銀の価値は金より高かった〜

　人類の銀との出会いは、金や銅に遅れること、紀元前3,000年から4,000年頃と言われています。当時、自然金で発見される金と同様に、銀も自然銀として発見されたようですが、金と比べて銀が自然銀として発見されることが稀であったことから、古代においては、銀の価値が金より高かったと言われています。例えば、古代エジプトの銀めっきが施された金の装飾品も発見されており、銀が金より価値が高かったことを示しています。このような金と銀の価値の逆転は、中世ヨーロッパ時代まで続き、その後、新大陸からの銀の流入によって現代のように銀が金に次ぐ価値となったそうです。

Column 02

〜そもそも元素って何？〜

　私たちの身の周りにある、大地や草木、海、空気、食べ物、自動車、ビル、橋、私たち人間、動物など、ありとあらゆるすべての物は元素で構成されています。現在知られている118種類の元素のうち、天然に存在する元素は90種類で、それ以外の28種類は人工的に作られた元素です。これらの元素を原子番号の順に並べて、性質の似た元素が縦に並ぶように配列した表が周期表です。

　物質を構成する際に基本となる粒子を原子と呼び、原子の構造は中心に正の電荷を持つ原子核、その周りを負の電荷を持つ電子からなります。さらに、原子核は正の電荷を持つ陽子と、電荷を持たない中性子からなります。元素とは、この原子の種類を表すもので、各元素の陽子の数が原子番号であり、周期表はこの原子番号の順で並んでいます。

第 2 章
···

原材料から
元材をつくる

原材料から
1次加工元材へ

鉱石を採鉱・選鉱・製錬し、鋳型に流し込み、1次加工元材へ
と形作る

9-1　鉱石から作られる1次加工元材

　鉄やアルミニウム、銅などの金属は、一部の自然金属を除いて、人間が鉱床か
ら原材料である鉱石を採鉱し、その鉱石を選鉱・製錬し、その後、鋳型に流し込
み、金属塊へと形作られます。この金属塊は、一般的には流通や貯蔵含めて取り
扱いしやすい形状になっており、地金と呼ばれています。このように得られた地
金は、溶解、鋳造、アトマイズ、粉末冶金、圧延、押出、伸線・引抜きなどの1
次加工の元材となります。

　例えば、非鉄金属材料のアルミニウム地金は、アルミニウム水和酸化物である
ボーキサイトと呼ばれる鉱石からアルミニウム酸化物であるアルミナを製造し、
さらに電気分解させて出来上がります。また、銅地金は電気銅とも呼ばれ、黄銅
鉱や輝銅鉱などの銅鉱石を加熱して粗銅を製造し、さらに電解精錬して出来上が
ります。

　一方、鉄鋼材料の元材製造方法には、高炉製鋼法と電炉製鋼法の2種類があり
ます。前者の高炉製鋼法では、磁鉄鉱や赤鉄鉱などの鉄鉱石と石灰石を約
1,300℃の高温で焼き固めた焼結鉱と石炭を蒸し焼きにしたコークスを高炉内で
高温反応させて炭素量を約4％含有する銑鉄にし、その銑鉄を転炉にて炭素量を
1.7％以下に調整します。後者の電炉製鋼法では、電気炉で鉄スクラックを溶解
します。いずれの製鋼法においても、この後に最終的な成分調整を行い、粗鋼と
呼ばれる圧延や鍛造などの1次加工の元材となります。高炉製鋼法で製造された
銑鉄は、鋼スクラップや鉄スクラップと合わせて鉄鋳物の元材に使用されます。

9-2　その他の1次加工元材

　1次加工の元材は、上述の地金の他に、合金組成の成分調整のために溶湯に添
加することを目的として作られた合金塊もあります。この合金塊を母合金、ある
いはマザーアロイと呼びます。母合金は、融点の差が大きかったり、添加量が少
ない場合など、溶解時に直接元素を添加して均一な合金を得るのが難しい場合に

使用します。

　地金や母合金の他に、金属製品の生産過程で発生する工場発生スクラップや、使用され寿命により廃棄された市中スクラップも1次加工の元材に使用されます。前者の工場発生スクラップのことを新くず、後者の市中スクラップのことを古くずともそれぞれ呼びます。この他に、回収された金属くずを溶解して金属塊へと形造られた二次地金と呼ばれる地金も1次加工の元材に使用されます。

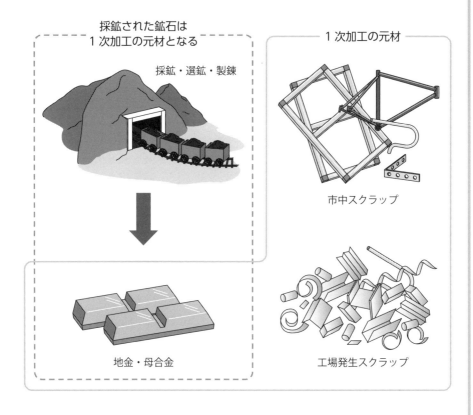

採鉱された鉱石は
1 次加工の元材となる

採鉱・選鉱・製錬

1 次加工の元材

市中スクラップ

地金・母合金

工場発生スクラップ

Ｐoint
● 金属は、原材料である鉱石を製錬して作られる
● 1次加工の元材は、粗鋼、電気銅、アルミニウム地金
● その他に、母合金、工場発生スクラップ、市中スクラップ

10 1次加工で形作られる形状

塊状と粉状、さらには板・条・型材・管・棒・線・箔

10-1　1次加工で形作られる素材形状

　鉱石を選鉱・製錬して得られた元材を金属加工の素材へと形作る具体的な1次加工として、溶解、鋳造、アトマイズ、粉末冶金、圧延、押出、伸線・引抜きなどが挙げられます。これらの1次加工で得られる素材形状のほとんどは塊状で、一部に粉状があります。具体的には、塊状の素材として鋳塊、板、条、型材、管、棒、線、箔、粉状の素材として金属粉末があります。

10-2　塊状の素材

　溶解炉に各種の金属地金を投入し、成分調整が行われた鉄鋼材料や非鉄金属材料の溶湯を連続的に鋳型に注ぎ、冷却・凝固させて、鋳塊が連続的に製造されます。これを連続鋳造と呼び、連続鋳造から連続的に一定長さで切断された鋳塊は、その寸法や形状によって、半製品としてスラブ、ブルーム、ビレットに分けられます。例えば、鉄鋼材料の場合は、スラブは厚さが50 mm以上、幅が300 mm以上の長方形断面の板用鋼片、ブルームは一辺が130～350 mmのほぼ正方形断面の大鋼片、ビレットは120 mm角以下の断面の小鋼片、とされています。これらの鋳塊は、圧延、押出、伸線・引抜きなどの1次加工で、板、条、型材、管、棒、線、箔などの形状に加工されます。

　鋳塊と同様に、溶解炉に各種の金属地金を投入し、成分調整が行われた鉄鋼材料や非鉄金属材料の溶湯を鋳型に注ぎ、冷却・凝固させて、直接、金属製品を得る場合もあります。このような鋳型から取り出した金属製品のことを鋳物と呼びます。鋳物は、鋳型形状に基づいた金属製品を得ることができるため、比較的複雑な形状への対応が可能です。そのため、鋳物は、自動車や産業機械などの機械部品、門扉などの建築部品、水道金具や鍋などの日用品、街角を飾るモニュメントやマンホールなど、私たちの身近な金属製品になっています。

10-3　粉状の素材

　粉状の素材である金属粉末は、液体金属を高速のガスや水で急冷するアトマイズ法と、固体金属をボールミルなどで機械的に粉砕することによって作られま

す。これらの製法で得られた金属粉末は、金型に充填し高温で焼結する粉末冶金によって、さまざまな形をした塊状の素材へと成形されます。また、金属粉末は、最近注目されている3Dプリンター、Additive Manufacturingと呼ばれている積層造形にも使用されます。

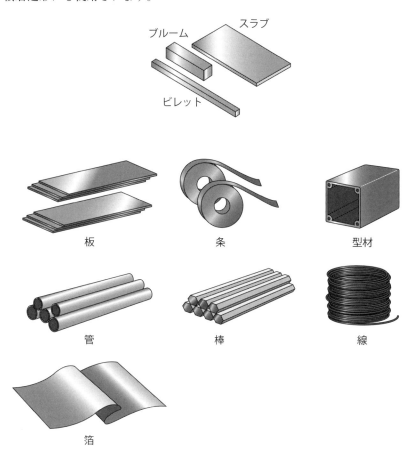

さまざまな素材形状

Point

● 1次加工で形作られる素材形状は塊状と粉状

● 鋳物も鋳塊の一種

● 金属粉末は粉末冶金や積層造形に用いられる

11 溶解

固体の金属を加熱して液体の金属に状態が変化

11-1 物質の三態変化

　すべての物質は、温度や圧力によって、固体・液体・気体の3つの状態があります。これを物質の三態と言います。例えば、液体の水を冷やせば固体の氷になり、加熱すると気体になります。金属も同じで、固体の金属を加熱すると液体となり、さらに加熱すると気体になります。このような物質が固体・液体・気体に変化することを物質の三態変化、固体から液体に変化する温度を融点、液体から気体になる温度を沸点とそれぞれ呼びます。鉄鋼材料やアルミニウム、銅などは融点が室温より高いため、室温では固体ですが、体温計にも使用されていた水銀の融点は−38.8℃と室温より低いため、室温では液体の状態になっています。

11-2 固体の金属を液体へと変化

　固体の金属を加熱して液体の金属に状態が変化することを溶解と言います。溶解は、鋳塊や鋳物、金属粉末を形作る一番最初の金属加工プロセスであると同時に、金属を溶かして接合する溶接や金属を溶かして切断する溶断も、金属を溶解する金属加工プロセスと言えます。ちなみに、金属の溶解には、古来より熱源として火を用いたため、古い書籍では溶解を常用外漢字の「熔解」と表現していることもあります。

　溶解に利用する熱エネルギーは、化学エネルギー、電気エネルギーの2つに大別されます。化学エネルギーに該当するものとして、熱源にガスや重油、コークスなどの燃料の燃焼による反応熱を利用したもので、溶解炉としてガス炉や重油炉、キュポラなどがあります。電気エネルギーに該当するものは、ジュール熱や電磁誘導、アーク、電子ビームなどがあります。

　ジュール熱は、電気抵抗を有する被溶解物に電流を流した際に発生する熱エネルギーのことで、ジュール熱を用いた溶解炉としては電気抵抗炉があります。電磁誘導とは、交流電源に接続されたコイルに電流を流して磁力線を発生させ、コイルの中あるいはその近くの被溶解物に流れる渦電流によって発生するジュール熱を利用したものです。与える交流電源の周波数によって、50～60 Hzの低周波

誘導炉と 1,000〜10,000 Hz の高周波誘導炉があります。低周波誘導炉は、るつぼ形炉と溝形炉があり、電流が金属内部にまで深く浸透するため、溶湯の撹拌が強いです。一方、高周波誘導炉は、るつぼ形炉が代表的で溶解速度が速いため、連続的に溶解する場合に適しています。その他に、2つの電極間で発生する放電によるアークを熱源に利用するアーク溶解炉や、高速に加速された電子の持つエネルギーを熱源として利用する電子ビーム溶解炉もあります。

　溶解における押さえておくべき金属材料の特性は、金属の融点です。金属の融点が高いと、溶解時に使用するるつぼや耐火材には特殊な材質が必要となり、また溶解に必要な熱エネルギーも高くなってしまいます。

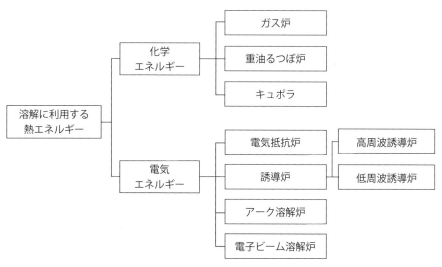

熱エネルギーによる溶解炉の分類

oint
● 鋳塊や鋳物、金属粉末を形作る一番最初の金属加工プロセス
● 溶解に利用される熱エネルギーは、化学エネルギー、電気エネルギーの2つ
● 溶解における押さえておくべき金属材料の特性は融点

12 鋳造

液体金属を鋳型に注湯し、冷却して目的の形状に凝固

12-1 鋳造の特徴

　固体の金属に熱エネルギーを与えて溶解させて、溶湯と呼ばれる液体の金属を鋳型に注湯し、冷却して目的の形状に凝固させることを鋳造と言います。この凝固した金属のことを鋳塊と呼びます。また、鋳込んだ鋳塊がそのまま金属製品になるものを鋳物と言います。私たちの身の周りには、門扉などの建築部品、水道金具や鍋などの日用品、街角を飾るモニュメントやマンホールなど、鋳物と呼ばれる金属製品は数多くあります。

　鋳造は、他の金属加工と比べて使用する金属の種類、形状、大きさへの自由度が高く、安価に製造できる金属加工法と言えます。具体的には、ステンレス鋼などの鉄を主成分とする鉄鋼材料、銅やアルミニウム、チタン、マグネシウム、金、銀、亜鉛、錫、鉛などの非鉄金属材料など種々の金属材料において、それらの鋳造が可能です。また、中空など複雑な形状や、1グラムレベルの小物から数100トンレベルの大物までの幅広い大きさへの対応も可能です。一方で、溶湯を鋳型に注湯し、冷却して目的形状の鋳塊に凝固させる場合の条件が最適でない場合、さまざまな不具合が発生する恐れがあります。この不具合を鋳造欠陥と呼びます。代表的な鋳造欠陥には、引け巣、凝固割れ、湯回り不良、バリ、湯境などがあります。

12-2 鋳造に影響を及ぼす液体金属の特性

　鋳塊は、液体金属を凝固させて得られるものなので、液体金属の特性値を把握しておくことが重要です。液体金属の特性値として重要なものは、密度、凝固収縮率、潜熱、固液共存温度範囲です。これらの物性値は、鋳造欠陥の発生のしやすさと関係しています。

　密度は単位体積当たりの重さですので、押湯量を検討する場合には確認が必要です。ほとんどの金属は、液体から固体に凝固する際に体積が減少します。この体積現象を凝固収縮、その割合を凝固収縮率と呼びます。この凝固収縮を抑制させるために、鋳型に余分な溶湯を補給する押湯によって、凝固収縮や引け巣など

の欠陥を抑制させます。また、固体から液体に変化する時に熱を吸収し、液体から固体に変化する時に熱を発散します。このような相変化に伴う熱エネルギーを潜熱と呼びます。潜熱の大きい金属は、溶解時に多くの加熱エネルギーを必要とし、凝固時には多くの冷却エネルギーを必要とすることを意味しています。純金属の場合は溶解が開始する融点と凝固が完了する凝固点は同じですが、2種類以上の金属を混ぜ合わせた合金になると、凝固開始する液相温度と凝固が完了する固相温度が存在します。この液相線と固相線の範囲を固液共存温度範囲と呼び、その温度幅が大きいほど凝固割れが発生しやすく、凝固後の鋳塊の合金組成の不均一が発生しやすくなります。

12-3　さまざまな鋳造方法

　鋳造方法を大別すると、バッチ式鋳造と連続式鋳造に分けられます。1回ずつ間欠的に鋳型に溶湯を注ぐバッチ鋳造は、1回の注湯毎にそれぞれが独立した鋳塊が得られます。一方、連続鋳造は鋳型に連続的に溶湯を注ぎ込むため、凝固した長尺の鋳塊を連続的に得られます。

名称	内容
引け巣	凝固収縮や溶湯供給が不足した場合に空隙が発生する現象
凝固割れ	凝固収縮により引張り応力が発生し、主に最終凝固部に亀裂が生じる現象
湯回り不良	鋳型内に溶湯が完全に満たされずに凝固し、鋳造品が部分的に欠落する現象
バリ	型の合わせ面の隙間への溶湯差し込みによる突起
湯境	複数方向からの溶湯が合流した部分に発生する湯じわ

代表的な鋳造欠陥

oint

- 他の金属加工と比べて使用する金属の種類、形状、大きさへの自由度が高い
- 液体金属の特性値は、鋳造欠陥の発生のしやすさと関係あり
- 鋳造方法は、バッチ式鋳造と連続式鋳造に大別される

13 バッチ式鋳造

一定量の溶湯を1回ずつ鋳型に注ぎ、注湯毎に独立した鋳塊を
得る鋳造方法

13-1　バッチ式鋳造の種類

　バッチ式の鋳造は、一定量の溶湯を1回ずつ鋳型に注ぎ、それぞれの注湯毎に
それぞれが独立した鋳塊を得る鋳造方法です。バッチ式鋳造は、鋳型を恒久的に
使用できる金型鋳造、鋳造後に鋳物を取り出す毎に鋳型を壊す砂型鋳造、ロスト
ワックス鋳造の3種類に大別されます。さらに、金型鋳造は重力鋳造、低圧鋳
造、ダイカストに分けられます。

13-2　金型鋳造

　金型鋳造は、鋳型に金属を使用し、鋳造回数として数千〜数万回の繰り返し使
用が可能です。代表的な金型鋳造として、重力金型鋳造、低圧鋳造、ダイカスト
があります。金型鋳造のメリットは、優れた寸法精度や早い冷却速度により得ら
れた鋳物の機械的性質が優れることが挙げられます。一方で、型費用などの初期
投資が高く、大型の鋳物製造に不向きといったデメリットもあります。

　重力鋳造は、重力を利用して溶湯を鋳型に注湯して凝固時の収縮を重力によっ
て補う鋳造法です。重力鋳造の構造が単純で、汎用性が高いことが特徴です。そ
の一方で、重力による充填のため、薄肉の製品にはあまり向いていません。

　重力鋳造が重力による充填であるのに対して、低圧鋳造は、大気圧に0.01〜
0.06 MPaの空気圧あるいは不活性ガス圧を負荷する鋳造方式です。低圧鋳造で
は、ガスの巻き込みが少なく、欠陥の少ない鋳物の製造が可能です。その一方
で、溶湯がゆっくりと金型内に充填するのでサイクルタイムが長く、冷却速度が
速くありません。また、アルミニウム合金の場合は金型との離形が必要となりま
す。

　ダイカストとは、溶解した金属を精密な金型に圧入して、高精度で鋳肌の優れ
た鋳物を大量に生産する鋳造方式です。

13-3　砂型鋳造

　砂型鋳造は、鋳型に砂を使用し、1回毎に鋳型を作製し、鋳造後に鋳物を取り

出す際に鋳型を壊すバッチ式鋳造です。一般的な砂型鋳造の鋳型構造は、砂で製品形状に合わせた半割の模型で型取った上型と下型からなります。金型鋳造と比較した砂型鋳造の利点は、鋳型費用が安価で小ロット対応などが挙げられます。一方で、砂型鋳造の鋳物は、金型鋳造と比べて寸法精度や鋳肌が劣ります。砂型の種類は、天然珪砂に粘土などを混ぜた生砂型、配合材料の化学反応によって鋳型を硬化させる自硬性鋳型、鋳型に炭酸ガスを注入して鋳型を硬化させるガス硬化性鋳型、鋳型を加熱して硬化させる熱硬化性鋳型などがあります。

13-4　ロストワックス鋳造

　ロストワックス鋳造は、加熱すると溶けるワックスで製品形状を作り、その周りを砂で覆い、加熱してワックスを溶かしてできた空洞に溶湯を流し込むバッチ鋳造です。ロストワックス鋳造は、複雑で寸法精度の高い形状を作ることができるため精密鋳造とも言われています。

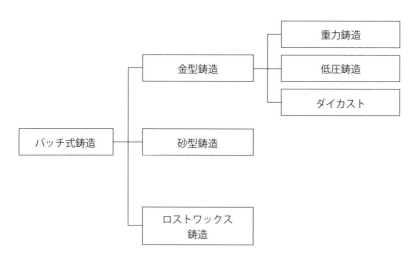

バッチ式鋳造の種類

● 鋳型に金属を使用した金型鋳造は、数千〜数万回の繰り返し使用が可能
● 鋳型に砂を使用した砂型鋳造は、鋳型費用が安価で小ロット対応
● ロストワックス鋳造は、複雑で寸法精度の高い形状を作ることが可能

14 連続式鋳造

14-1 連続式鋳造の種類

連続式鋳造は、圧延や押出、伸線などの1次加工に使用する鋳塊を連続的に得る鋳造方法で、一般的に連続鋳造と呼ばれ、連鋳やContinuous Castingの頭文字をとってCCと略して表現される場合もあります。連続式鋳造の特徴は、歩留まりが高く、得られる鋳塊の品質が均一であることが挙げられます。連続式鋳造は、鋳型を固定し凝固した鋳塊を鋳型から引き出す方法と、鋳型を鋳塊と共に移動させる方法に大別されます。

鋳型を固定し凝固した鋳塊を鋳型から引き出す方法は、下方に引き出す竪型連続鋳造、水平に引き出す横型連続鋳造、上方に引き出す上方連続鋳造の3種類に分けられます。一方、鋳型を鋳塊と共に移動させる方法は、溝が彫られた鋳造輪とベルトの間に溶湯を注ぐベルト&ホイール法、2本のベルトの間に溶湯を注ぐツインベルト法、上下のロール間に溶湯を注ぐ双ロール法などがあります。ベルト&ホイール法では、連続的に得られた鋳塊を鋳造機と連動する圧延機にて圧延し、伸線の元材となるロッド線へと仕上げられます。

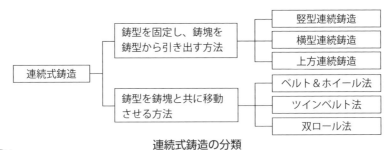

連続式鋳造の分類

Point

● 歩留まりが高く、得られる鋳塊の品質が均一

● 固定した鋳型から鋳塊を引き出す方法と、鋳型を鋳塊と共に移動させる方法

● 竪型連続鋳造、横型連続鋳造、上方連続鋳造の3種類

15 ダイカスト

溶湯を精密金型に高速・高圧充填させて高精度鋳物を大量に生産

15-1　ダイカストの特徴

　ダイカストとは、溶解した金属を精密な金型に高速・高圧で充填させて、高精度で鋳肌の優れた鋳物を大量に生産するバッチ式鋳造の1つで、ダイカストに使用する鋳造機をダイカストマシンと呼びます。ダイカストの特徴としては、鋳造圧力は30～100 MPaと高く、射出速度も1～3 m/sと速いことがあります。一般的にダイカストの製品寸法は、砂型鋳造より小さく、重量換算で数gから数十kgの範囲のものが生産されています。ダイカストマシンで作られたダイカスト製品の表面粗さは、Ra0.4～3.2 μmで、砂型鋳造の10分の1以上優れています。

15-2　ダイカストマシン

　ダイカストマシンを大別すると、ホットチャンバーダイカストマシンとコールドチャンバーダイカストマシンの2種類があり、これらの違いは射出部が溶湯保持炉の中か外にあります。

　ホットチャンバーダイカストマシンは、射出部が溶湯保持炉の中にあるため、射出部部品が溶損しない融点が約380℃と低い亜鉛合金のダイカストに用いられます。一方、コールドチャンバーダイカストマシンは、射出部が溶湯保持炉の外にあるので、融点が約580℃のアルミニウム合金や約940℃の銅合金などの融点が高い金属材料に使用されます。また、ホットチャンバーダイカストマシンは、コールドチャンバーのように1ショット毎に射出部に溶湯を供給する必要がないため、鋳造サイクルが速く、酸化物や空気の巻き込みが少ない傾向があります。2018年には約800台のダイカストマシンが国内で生産されています。

15-3　ダイカストで使用する金属材料

　ダイカストで使用する代表的な金属材料は、アルミニウム合金、亜鉛合金、銅合金があります。2018年の国内ダイカスト総生産量は約107万トンで、そのほとんどがアルミニウム合金です。

　ダイカスト用のアルミニウム合金で最も生産比率が高いのは、Al-Si-Cu系合金のADC12で、エンジン部品から駆動系部品などに使用されています。ダイカ

スト用亜鉛合金は、銅の添加量の違いでZDC1とZDC2の2種類が日本産業規格に規定されており、生産比率が高いのはZDC2で、小物部品に適用されています。亜鉛合金の融点は、アルミニウム合金より低いので金型寿命はアルミニウム合金より向上します。ダイカスト用銅合金は、日本産業規格には規定されていませんが、銅合金鋳物のCAC203が多く使用されています。銅合金ダイカストは、アルミニウム合金や亜鉛合金より機械的特性が優れていますが、融点が高いため、金型寿命が短く、特殊な用途に原点されています。

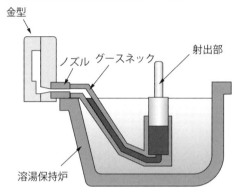

ホットチャンバーダイカストマシン

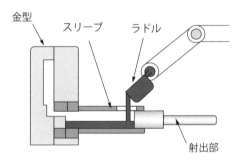

コールドチャンバーダイカストマシン

oint

● 鋳造圧力は30〜100 MPaと高く、射出速度も1〜3 m/sと速い
● ホットチャンバーとコールドチャンの2種類
● ダイカストの代表的な金属材料は、アルミニウム合金、亜鉛合金、銅合金

16 アトマイズ法

金属粉末の代表的な製造方法

16-1　アトマイズ法の種類

　金属粉末を金型に充填し高温で焼結して、さまざまな形状の塊状の素材へと成形する加工方法を粉末冶金と言います。粉末冶金に使用する金属粉末の代表的な製造方法としてアトマイズ法が挙げられます。

　アトマイズ法は、ノズルから流出させた溶湯（液体の金属）に液体や気体などの冷却媒体を吹き付けて、飛散させた溶湯を凝固させる方法で、粉末冶金用の粉末製造技術として主流となっています。さらに、使用する冷却媒体によって、高圧水を使用する水アトマイズ法と、窒素やアルゴンなどの不活性ガスを使用するガスアトマイズ法があります。その他に、回転による遠心力を利用した遠心アトマイズ法や、真空中で微粉化させる真空アトマイズ法もあります。

　水アトマイズ法で得られる金属粉末は、不規則形状なのでプレス成形性に優れています。そのため、さまざまな鉄鋼材料系の機械部品に使用されています。冷却媒体に水を使用するので、水アトマイズ法で得られた金属粉末の酸素含有量はガスアトマイズ法より高いことが特徴です。ガスアトマイズ法で得られる金属粉末は、球状なので流動性に優れており、溶射や溶接肉盛用粉末にも使用されています。それぞれのアトマイズ法で製造される粉末の粒径は、水アトマイズ法およびガスアトマイズ法で約50〜70 μm、遠心アトマイズ法で約150〜200 μm、真空アトマイズ法で約40〜60 μm です。

16-2　急冷凝固が可能なアトマイズ法

　アトマイズ法は、溶湯を直接的に急冷・凝固させて金属粉末を作るので、凝固時の冷却速度は、一般的な溶解・鋳造法より速いのが特徴です。具体的には、一般的な溶解・鋳造法の冷却速度は約 10^{-3}〜10^{1}℃/秒に対して、アトマイズ法は約 10^{3}℃/秒以上と言われています。そのため、アトマイズ法で得られる金属粉末の金属組織は、微細で均一になっています。また、その金属粉末を粉末冶金に使用すれば、粉末冶金後も微細で均一な金属組織が得られます。

16-3　機械的・化学的方法による金属粉末の製造方法

　金属粉末の製造方法は、アトマイズ法以外に、機械的方法や化学的方法があります。機械的方法は、金属に物理的エネルギーを与えて固体金属を粉砕させて金属粉末を製造する方法です。ボールミルで物理的エネルギーを与えて粉末同士の圧着・破砕を繰返して合金粉末を製造するメカニカルアロイイング法も機械的方法の1つです。化学的方法は、電気分解などの化学反応によって金属粉末を製造する方法で、酸化物還元法や湿式沈殿法、水溶液電解法などがあり、非常に微細な粒子が得られることが特徴です。

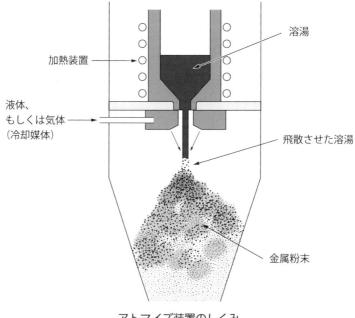

加熱装置

溶湯

液体、
もしくは気体
（冷却媒体）

飛散させた溶湯

金属粉末

アトマイズ装置のしくみ

oint

● ノズルから流出させた溶湯を飛散・凝固させるアトマイズ法
● 冷却速度が速いので、アトマイズ金属粉末の金属組織は微細で均一
● アトマイズ法以外に、機械的方法や化学的方法

17 粉末冶金

金属粉末を元材とする金属加工プロセス

17-1　粉末冶金の特徴

　一般的な金属加工プロセスは、溶解させた金属を鋳型で凝固させたバルク状の鋳塊を元材としているのに対して、粉末冶金は金属粉末を元材とする金属加工プロセスです。粉末冶金の起源は、金属を溶解し鋳造して金属を形作る手段が見いだされる以前と言われています。紀元前5,000年頃のエジプトや紀元前400年頃のインドでは、鉄を溶解する温度を得る技術がありませんでした。そのため、当時の鉄製の武器や鉄塔は、金属粉末である砂鉄と木炭を混合・加熱して海綿鉄にし、これを加熱しながら鍛造して作られたと言われています。

　粉末冶金は、金属粉末を金型に充填させて、金属粉末同士を焼結させて製品へと仕上げるので、複雑形状への対応も可能で、最終製品形状に近いニアネットシェイプ製品の加工に適しています。一方で、気孔の残留や部位による密度差の課題があります。

　2018年の粉末冶金金属製品の国内生産量は、約14万トンです。一般的に粉末冶金の製品寸法は、重量換算で数gから数十kgの範囲が生産されています。

17-2　粉末冶金の加工工程

　粉末冶金は、混合、圧縮、焼結の各工程を経て、精度の高い金属製品へと仕上がります。

　混合工程では、アトマイズ法などで作製された金属粉末と潤滑材を混合機内で均一に混ぜ合わせます。混合は、混合機を用いて均一に混ぜ合わせることです。混合機は、混合する粉末の入った容器を回転させる容器回転型と、粉末の入った容器を回転させずに機械的に混合する容器固定型に分けられます。

　圧縮工程では、混合した金属粉末を金型に充填させた後に加圧し、最終形状に近い形状に仮成形します。この仮成形したものを圧粉体と呼びます。圧粉体の成形方法として、金型成形、冷間等方圧成形、熱間等方圧成形、粉末鍛造、金属射出成形などがあります。

　金型成形は、粉末を金型に充填させて加圧する方法で、粉末冶金加工の圧縮工

程で最も一般的な成形方法です。上下パンチとダイに囲まれた部分に粉末を充填した後、パンチで粉末を加圧します。冷間等方圧成形は、ゴム型に粉末を充填し、圧力容器内で油や水などの液体を介して室温で等方的に加圧する成形方法のことで、Cold Isostatic Pressingの頭文字を取ってCIPとも呼びます。熱間等方圧成形は、粉末を脱ガス処理後に缶に封入し、圧力容器内で不活性ガスなどに気体を介して高温で加圧・焼結する成形方法し、Hot Isostatic Pressingの頭文字を取ってHIPとも呼びます。

　熱を加えずに圧縮しただけの圧粉体は、黒板に文字を書くチョークのように脆いので、緻密で強固な製品へと仕上げるために圧粉体を加熱し、金属粉末同士を結合させます。金属粉末同士を結合させることを焼結、使用する炉を焼結炉と呼びます。焼結炉は、連続的に処理する連続炉や非連続的な処理を行うバッチ炉があります。圧粉体を焼結炉に入れて融点よりも低い温度に加熱すると、粉末間の拡散により結合します。なお、焼結後の成形品の寸法精度や強度を向上させる場合は、機械加工や熱処理を施す場合もあります。

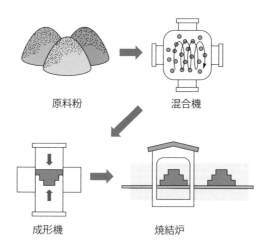

原料粉　　　　　　混合機

成形機　　　　　　焼結炉

粉末冶金加工

oint

● 粉末冶金の起源は、溶解し鋳造して金属を形作る手段が見いだされる以前

● 混合、圧縮、焼結の各工程を経て、精度の高い金属製品へ

● 複雑形状も可能で、ニアネットシェイプ製品の加工に適する

18 圧延

回転する 2 本のロールで長尺な素材を得る

18-1　圧延の特徴

　圧延とは、うどんやパスタ生地を丸棒で延ばすように、回転する 2 本のロール間に、被加工材を通過させて断面積を小さくし、長尺な素材を得る金属加工です。ヨーロッパで最初に実用化された金属圧延機は、中世教会のステンドグラス用鉛縁を成形加工する手動圧延機であったと言われています。レオナルド・ダ・ヴィンチは、鉛縁用およびスズ板用の 2 種の圧延機のスケッチを残しています。

　圧延に使用するロールを圧延ロールと呼び、一般的には円筒状と孔型状の 2 種類があります。円筒状の圧延ロールでは板や条、孔型状の圧延ロールでは異形棒の製造に使用されます。

18-2　熱間・冷間・温間圧延

　圧延は、圧延時の温度の違いによって、圧延する金属材料を再結晶温度以上に加熱して圧延加工する熱間圧延、室温で圧延加工する冷間圧延、室温から再結晶温度までの温度で圧延加工する温間圧延の 3 つに大別されます。

　熱間圧延は、スラブ、ブルーム、ビレットなどの鋳塊の断面積を小さくさせながら、鋳造組織を均一な再結晶した金属組織に改質する目的で行われます。熱間圧延は高温で加工するため、塑性変形に要する荷重は小さくて済みますが、表面に酸化皮膜が発生し、また圧延後の寸法精度もあまり良くありません。具体的には、熱間圧延の表面粗さは Ra6.3～50 μm です。熱間圧延温度は、金属材料の種類によって異なります。

　冷間圧延は、断面積を小さくさせながら、加工歪の導入により加工硬化で強度を向上させることができます。冷間圧延は室温で加工するので、圧延後は良好な表面状態で寸法精度も優れています。具体的には、冷間圧延の表面粗さは Ra0.2～6.3 μm です。冷間圧延には高い荷重が必要で、導入された加工歪が限界値に達すると、圧延材に割れが発生し始めます。加工硬化で硬化した圧延材は、熱処理を施して圧延によって導入した歪を除去し、延性を確保して再び冷間圧延が施されます。このように、冷間圧延と熱処理を組み合わせながら、圧延材は所定の

寸法と機械的性質を有する素材に仕上げられます。

　温間圧延は、圧延荷重が低い熱間圧延と、良好な表面状態と寸法精度の冷間圧延の長所をそれぞれ活かしたプロセスです。温間圧延は室温から再結晶温度までの温度で加工するので、比較的低い圧延荷重で良好な表面状態と寸法精度の圧延材が得られます。

　一般的に、鉄鋼やアルミニウム合金、銅合金の板や条の製造に熱間圧延と冷間圧延が用いられています。加熱したスラブを熱間圧延し、ホットコイルと呼ばれる熱間圧延材に成形され、ホットコイルは冷間圧延と熱処理により所定の厚みと機械的性質を有する板や条へと仕上げられます。

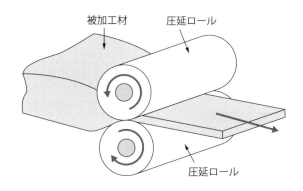

種類	熱間圧延温度（℃）
普通鋼	900〜1100
銅合金	700〜1000
アルミニウム合金	400〜600
チタン合金	800〜900

熱間圧延温度

oint

- ● 圧延する金属素材を再結晶温度以上に加熱して圧延加工する熱間圧延
- ● 室温で圧延加工する冷間圧延
- ● 室温から再結晶温度までの温度で圧延加工する温間圧延

押出

さまざまな断面形状の長尺な素材を得る

19-1　押出の特徴

　押出は、コンテナと呼ばれる容器に円柱状の鋳塊であるビレットを挿入し、ステムを使ってビレットに圧力を加えて、ダイスと呼ばれる押出材の断面形状に型彫された金型を通して金属材料を流出させて、棒、線、管などのさまざまな断面形状の長尺な素材を作製する加工プロセスです。

　押出は、ところてんの製法に例えられますが、当初は食材のマカロニの製造から始まったようです。金属材料の加工に用いられるようになったのは、1797年にイギリスで溶解した鉛を手押しポンプで吸い上げて冷却凝固させながら管に成形したのが始まりと言われています。その後、押出は、錫、亜鉛、銅、アルミニウムの加工方法へと展開されました。

　押出の特徴は、複雑な断面形状の長尺材を得られる、延性の少ない金属に適用しやすい、微細な金属組織に変更する、などが挙げられます。一方で、コンテナ内に挿入するビレット分1回の押出量に制限があるといったデメリットもあります。押出材の表面粗さは、Ra0.4～12.5 μm です。

　代表的な押出によって加工された製品として、アルミニウムの押出型材が挙げられます。アルミニウム製の押出型材は、アルミサッシで知られる窓フレームに使用されるだけでなく、電気・機械産業や自動車産業の分野で使用されるさまざまな部品にも使用されています。2018年度の国内アルミニウム押出型材の生産量は、約79万トンです。

19-2　直接押出法と間接押出法

　押出は、直接押出法と間接押出法の2種類があります。直接押出法は、最も一般的な押出法で、コンテナに加熱したビレットを装着し、ステムを使用してダイス方向に圧縮して押出します。コンテナとビレットとの間の摩擦力によって、押出時に大きな圧力が必要です。

　間接押出法は、コンテナに加熱したビレットを装着し、中空構造になったダイスをビレットに接触させた後に、コンテナを動かすことにより押出します。コン

テナとビレット間の摩擦力が生じないため、直接押出法と比べて小さい押出圧力での加工が可能です。

押出は、金属を再結晶温度以上に加熱して押出加工する熱間押出と、金属を室温で押出加工する冷間押出の2種類に分けられます。冷間押出より熱間押出のほうが主流で、熱間押出温度は金属によって異なります。

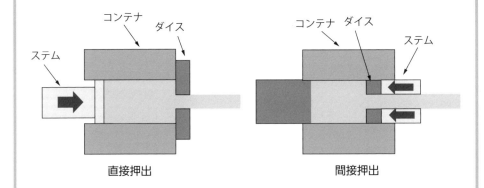

直接押出　　　　　　　　　　　　間接押出

種類	熱間押出温度（℃）
普通鋼	1200以上
銅合金	700〜1000
アルミニウム合金	400〜550
チタン合金	700〜1200

熱間押出温度

Point
- 複雑な断面形状、長尺材、延性の少ない金属に適用、微細な金属組織
- 代表的な押出によって加工された製品は、アルミニウム押出型材
- 直接押出法と間接押出法の2種類

連続押出

元材を連続的に金型内に供給して無限長の押出材を得る

20-1　連続押出の特徴

　一般的な押出加工は、ビレット 1 回分の押出毎にコンテナ内へのビレットの再挿入が必要となります。これに対して、連続式の押出加工は、元材を連続的に金型内に供給して無限長の押出材が得られる方法で、コンフォーム押出とも呼ばれています。

　コンフォーム押出は、1971 年に英国原子力公社で開発された連続押出加工方法で、その基本構造は、溝の付いた回転するホイール、溝を蓋するシュー、金属材料を堰き止めるアバットメント、ダイスチャンバーとダイスからなります。回転するホイールの溝に元材を挿入し、摩擦発熱によって軟化した金属材料はアバットメントで堰き止められてダイスチャンバー内に流入し、ダイスから金属材料が押出されます。

　アルミニウム被覆鋼線や多孔扁平管の製造の他に、最近では、電車のトロリー線などの製造にも使用されています。

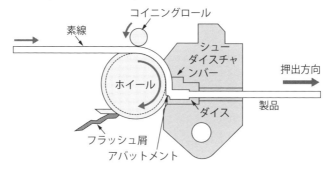

連続押出の構造

Point
- 1971 年に英国原子力公社で開発された連続押出加工方法
- 供給する金属材料と金型との摩擦力を利用した方法

21 伸線・引抜き

21-1 伸線・引抜きの特徴

　伸線・引抜きとは、丸形や角形などの異形の穴形状が付与された穴ダイスと呼ばれる金型から元材を引抜いて、断面積を縮小させながら金属に穴形状を付与する加工方法です。伸線・引抜きと押出との違いは、元材を引抜くか押すかの違いです。また、押出の多くは熱間で行われるのに対して、伸線・引抜きのほとんどは室温で行われます。伸線・引抜き加工の歴史は古く、紀元前15～17世紀には、アッシリア、バビロニア、フェニキアで貴金属の伸線加工された形跡や、紀元後200年頃のローマ植民地時代に使用された線引き用の穴ダイスも発掘されています。

　鉄鋼材料の線材は、ワイヤーロープやばね、PCコンクリート（プレストレストコンクリート）心線、釘、ねじに使用されます。銅および銅合金の線材は、電気を伝送する電線に使用される他に、自動車のワイヤーハーネス、ワイヤーカット電極線、リベットや端子部品に使用されます。アルミニウムおよびアルミニウム合金の線材は、銅および銅合金の線材と同様に電気を伝送する電線の他に、各種部品やフェンスなどに使用されます。国内の2018年の棒・線材生産量は、鉄鋼材料の普通鋼熱間圧延鋼材では約173万トン、銅および銅合金の伸銅品では約26万トン、アルミニウムおよびアルミニウム合金では約7万トンです。

　伸線・引抜きは一般的に冷間で数回から数十回繰り返して加工し、その加工材は、加工硬化により強度を向上させることが可能で、その表面状態や寸法精度は優れています。具体的には、表面粗さはRa0.2～6.3μmです。

21-2 伸線・引抜き加工装置

　伸線・引抜き加工装置は、コイル材を連続に加工する伸線機と、直線状に引抜いてバー材を加工する抽伸機の2つに大別されます。さらに、伸線機は、伸線・引抜きを1段で加工する単頭伸線機と、単頭伸線機を連続的に並べて多段で加工する連続式伸線機の2種類があります。一方、抽伸機はドローベンチとも呼ばれ、金属素材を穴ダイスに通して直線状に引抜く構造になっています。その他

に、特殊な伸線・引抜き加工として、1対の孔型ロールを通すローラーダイス加工や、ダイスに超音波を印加しながら加工する超音波引抜き、熱を加えて加工する温間・熱間引抜き、穴ダイスを用いずに金属素材を加熱しながら引張ることによって径を細くするダイスレス加工などがあります。

　健全な伸線・引抜き成形品を得るには、使用する元材の品質が重要です。伸線・引抜きは穴ダイスから金属を引き抜いて成形するため、元材の金属組織が不均一だったり、元材の内部に欠陥や非金属介在物が存在すると、伸線・引抜き加工時に負荷される引抜き力に耐えられずに断線してしまう場合があります。このような断線を避けるためにも、金属組織が均一で欠陥が内在しない高い品質の元材を用いる必要があります。

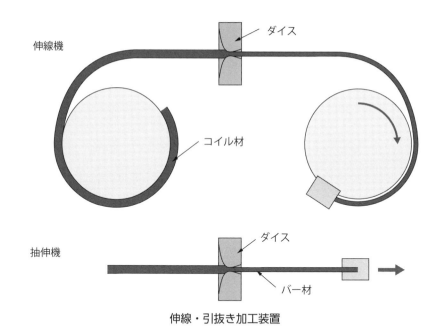

伸線・引抜き加工装置

Point
- 加工硬化により強度を向上させ、表面状態や寸法精度も優れる
- 伸線・引抜き加工装置は、伸線機と抽伸機の2種類
- 健全な伸線・引抜き成形品を得るには、使用する元材の品質が重要

〜地球に鉄が多く存在する理由〜

　鉄は、宇宙誕生と共に始まった核融合の最終形で、最も安定した元素と言われています。約46億年前に誕生した地球は、鉄やケイ素、マグネシウムの酸化物からなっており、鉄は地球の総重量の約35％を占めると言われています。

　地球に鉄やケイ素、マグネシウムが多く存在している理由については諸説があるようですが、その1つに太陽系の誕生が関係しているようです。超新星の爆発によって飛び散ったガスや塵が集まって初期の太陽ができた際に、その引力で密度が大きい、鉄やケイ素、マグネシウムなどの物質は太陽の近くに、密度が小さい、水素やヘリウムなどの物質は太陽から離れて、それぞれ分布したようです。その結果、地球に鉄やケイ素、マグネシウムといった比較的密度の大きい物質が多く存在するようになったと言われています。

〜金属は人間が鉱石から抽出したもの〜

　118種類の元素の約80％は金属元素で、金属として産出する金や銀などの自然金属以外は、鉱石と呼ばれる金属と酸素や硫黄との化合物として地球上に存在しています。人間は、この鉱石を採鉱し、その後に選鉱・製錬し、ほぼ純粋な金属を手にしているのです。

　鉱物学者であるゴールドシュミットは、金属元素を金属、硫化物、ケイ酸塩鉱物への親和性に応じて、親鉄元素、親銅元素、親石元素の3つに分類しました。親鉄元素とは、鉄に近い性質をもった金属元素で容易に鉱石から炭素で還元できる鉄やニッケル、コバルトなどです。親銅元素とは、銅の他に、銅と一緒に硫化物として鉱石に存在する亜鉛や銀、鉛などです。親石元素とは、鉱石から酸素を還元することが極めて難しいアルミニウムやマグネシウムなどです。地球上の存在量の観点においては、親石元素が最も多く、その次に多いのが親鉄元素、親銅元素が少ない、という傾向にあります。

第章

元材に形状を付与し
金属製品に仕上げる

22 鍛造

素材を圧縮・打撃して形状付与と特性向上

22-1 鍛造の特徴

　金属に力を加えて鍛えながら形作る鍛造は、人類が自然金や自然銅を石などで叩いたり伸ばしたりしたことが始まりと言われており、最も古い金属加工です。日本産業規格では、鍛造を「工具、金型などを用い、固体材料の一部又は全体を圧縮又は打撃することによって、成形及び鍛錬を行うこと」と定義しています。鍛造は、1次加工で得られた鋳塊や棒、板などの素材に形状を付与すること、素材を打ち鍛えて特性を向上させることをそれぞれ目的とした金属2次加工になります。

　素材への形状付与を目的とした鍛造は、最終形状やそれに近い形状が得られる、鍛造後の製品は機械的性質が優れるといった特徴があります。鍛造加工により最終形状、あるいはそれに近い形状や寸法が得られることによって、鍛造後の後工程を省略・簡素化することができますので、加工費低減と材料歩留り向上に繋がります。なお、鍛造加工後の製品表面粗さはRa1.6〜25 μmです。

　素材を打ち鍛えて特性を向上させることを目的とした鍛造は、鍛造による加工硬化と鍛流線の形成で機械的性質が向上します。また、素材を打ち鍛えることによって、鋳塊内部に存在する鋳造欠陥を潰すと共に、熱を加えながらの鍛造によって粗大で方向性を持った柱状晶から均一な等軸晶の金属組織へと改善させます。

　鍛造によって加工された金属製品を鍛造品と呼び、鍛造品はさらに鍛鋼品と鍛工品に分けられます。鍛鋼品は、鋳造欠陥を潰したり金属組織を改善させることを目的に、高温に加熱した鋼塊をプレスやハンマー、ロールなどで自由鍛造した船舶用クランク軸や発電用タービンローター、圧延ロールなどの金属製品が該当します。一方、鍛工品は、棒や板などの素材を型鍛造した自動車や機械、電子機器などの精密部品が該当します。このような鍛造によって加工された国内の2018年度の鍛造品生産量は、鉄鋼材料系とアルミニウム系を合わせて約249万トンです。

22-2 鍛造の種類

　鍛造は、使用する金型、変形方法、温度によって分類されます。金型による分

類は、単純形状をした金敷および工具を用いてさまざまな方向から順に加圧する自由鍛造と、上下対の金型の型内に素材を入れて加工する型鍛造に分けられます。

変形方法による分類は、圧縮力を加えて高さを減少させる据込み、被加工材の長さ方向に沿って圧縮を繰り返す鍛伸、金型の開放された方向に移動するように加圧する押出、被加工材や金型を回転させる回転、の4つに分けられます。

鍛造加工を加工時の温度で分類すると、熱間鍛造、冷間鍛造、温間鍛造の3種類に分けられます。熱間鍛造は、被加工材の変形抵抗を減少させる目的で、被加工材を再結晶温度以上に加熱して行う鍛造加工のことで、熱間鍛造で仕上がった鍛造品の表面粗さや寸法精度は冷間鍛造と比較してあまり良くありません。冷間鍛造は、室温でおこなう鍛造加工のことで、冷間鍛造で仕上がった鍛造品の表面粗さや寸法精度は熱間鍛造と比較して優れますが、鍛造時の変形抵抗が高いので、鍛造成形する形状や大きさに限界があります。温間鍛造は、被加工材を再結晶温度以下の温度に加熱して行う鍛造加工のことで、熱間鍛造と冷間鍛造のそれぞれの欠点を補った鍛造方法です。温間鍛造は、変形抵抗を比較的低い状態で加工することができ、仕上がった鍛造品の表面粗さや寸法精度も比較的良好です。

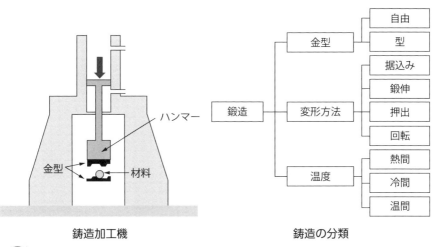

鋳造加工機　　　　　　　　鋳造の分類

Point
- 最も古い金属加工
- 鋳造欠陥を潰し金属組織を改善させた鍛鋼品と、棒や板を鍛造した鍛工品
- 使用する金型、変形方法、温度による分類

23 絞り・張出し

23-1　板材や条材を成形するプレス加工

　プレス機械を使用して、プレス機の上下運動で板や条の素材を金型に押し付けて金型形状を金属材料に転写することをプレス加工と呼びます。プレス加工は、ブロック状の素材を成形する鍛造と区別される場合が多いようです。プレス加工は、板や条の素材の変形の仕方によって、絞り・張出し、せん断、曲げなどがあります。2018年に日本国内でプレス加工された鉄鋼材料および非鉄金属材料で約200万トンの板材が使用されました。

23-2　絞り・張出し加工の特徴

　絞り・張出し加工は、形状が凹凸で対になった上下の金型で、板や条に紳士用帽子のシルクハットのような円筒、角筒、円錐などの継ぎ目のない中空のくぼみを持つ形状を付与する2次加工です。使用する金型は、一般的に凸型をパンチ、凹型をダイとも呼びます。

　絞り加工と張出し加工の違いは、くぼみ成形の周囲にある金属の拘束有無の違いであり、絞り加工はくぼみ部への材料移動を伴う加工方法で、張出し加工は金属を拘束させてくぼみへの材料移動を伴わない加工方法です。絞り加工は、凸形状の上型が凹形状の下型に押し込まれるのに連動して、材料は凹形状の下型へと順次引き寄せられるため、成形過程において材料は連続的に供給され、深い容器の成形が可能です。張出し加工は、風船を膨らますように、しわ抑え板によって材料が拘束されているため、凸形状の上型が凹形状の下型に押し込まれる過程で材料は供給されず、製品曲面部の板厚は元の素材より薄くなり、絞り加工ほど深い容器の成形はできません。自動車のボディーのような複雑な曲面形の加工は、絞り加工と張出し加工を複合させて成形されています。

23-3　絞り加工

　私たちの身の周りには、フライパンや鍋、ボウルなどのキッチン用品、台所のシンク、乾電池ケースなど、絞り加工製品が数多くあります。絞り加工は、形状や絞りの程度によって分類されます。具体的には、形状による分類として、フラ

イパンや鍋などの円筒形状をした円筒絞り加工、ボウルなどの底が平らではなく半球状をした球頭絞り加工、シンクなどの四角形状をした角筒絞り加工などがあります。また、絞りの程度による分類として、フライパンのような浅い絞りの浅絞り加工、乾電池ケースのように深さが円筒の直径より深くなる深絞り加工に分けられます。

絞り加工では、引張応力が加わった時の幅方向と板厚方向の板厚減少の比率で表わされるランクフォード値の大きい金属素材が適しています。ランクフォード値はr値とも呼ばれ、次式によってr値が求められます。

$$r = \ln(Wo/W) + \ln(to/t)$$

なお、Woとtoはそれぞれ試験片の幅、厚さで、Wとtは引張りによって歪を与えた後の試験片の幅、厚さです。

23-4　張出し加工

一般的な張出し加工は、上下型に凹凸金型を使用した加工が一般的ですが、凸金型の代わりに液圧を用いるバルジ加工があり、ハイドロフォーミングとも呼ばれます。また、板材の一部を比較的浅く張出させて厚み変化も少ないエンボス加工も張出し加工の一種と言えます。張出し加工は、塑性変形が材料の局部で発生し難く、均一な塑性変形を起こし易い材料が適しています。その材料指標としては、n値と呼ばれる加工硬化指数が大きい材料がこれに当てはまります。

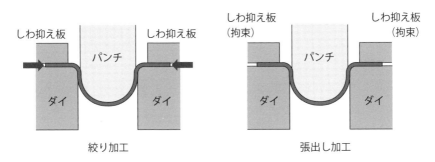

絞り・張出し加工の比較

Point
- 板材や条材を金型に押し付けて金型形状を転写することをプレス加工
- 上型の移動と共に材料が下型へと順次引き寄せられる絞り加工
- 上型の移動と共に材料が下型へと順次引き寄せられない張出し加工

24 切断・せん断

金属材料を切り離す

24-1　切断加工の種類

　溶解・鋳造、圧延、押出、伸線・引抜きによって1次加工された板、条、管、形材、棒、線を切り離す場合に切断加工が行われます。切断加工を大別すると、塑性変形と破壊による機械的切断、溶解による熱的切断の2つに分けられます。

　機械的切断は、鋸刃やバイト、砥石を使用した刃物切断と、上刃と下刃を用いてせん断作用により切断するせん断加工があります。刃物切断に使用する加工機は、鋸刃を使用したバンドソーやコールドソーなどがあります。上刃と下刃を用いてせん断作用により切断するせん断加工は、パンチとダイを使用したプレス機の上下運動を用いた加工の他に、テーブル端に固定された下刃と稼動する上刃の間に材料をはさみ切断するシャーリングマシンや、上下一対のドラムやロールを使用した回転運動を用いたスリット加工があります。スリット加工では、コイル状に巻かれた幅広の板・条を互いに噛み合い回転する上下ロールに供給し、ロール刃で連続的にせん断加工して幅の狭いコイル材へと加工することができます。

　一方、熱的切断は溶断とも呼ばれており、ガスの燃焼やアークなどの熱エネルギーで金属を溶解させて切断する方法で、造船、橋梁、建設機械分野をはじめとする多くの製造分野で欠かせない切断加工です。機械的切断や熱的切断の他に、非常に高い水圧の水が加工物に当たった時に発生する衝突力で切断するウォータージェット加工などもあります。

24-2　プレス機によるせん断加工

　プレス機を使用したせん断加工は、パンチとダイの金型を用いて金属に対してせん断力を作用させて変形・切断します。そのせん断加工の成形過程は、①パンチの金属への接触、②パンチの下降に伴ってパンチとダイによって金属がせん断変形、③せん断変形に耐えられなくなり金属に亀裂が発生、④亀裂が進展し、破断、となります。せん断加工の成形過程の荷重−変位曲線で囲まれた領域は、せん断加工に要した成形エネルギーとなります。

　せん断加工された金属の破面には、せん断加工の成形過程の痕跡を確認するこ

とができます。せん断加工された金属の破面には、光沢のある縦縞模様の部分と光沢のない凹凸部分が存在しています。前者の光沢のある縦縞模様の部分をせん断面と呼び、上述の成形過程②において形成されます。後者の光沢のない凹凸部分を破断面と呼び、上述の成形過程③④において形成されます。

　せん断加工は高い生産性を有することから多様に用いられている塑性加工で、塑性加工機として用いられているプレス機の70〜80％がせん断加工に使用されていると言われています。せん断加工を分類すると、(1) 抜いたものを製品とする抜き加工、(2) 穴あけを目的とする穴あけ加工、(3) 板・棒・線を切断する分断加工の3つがあります。

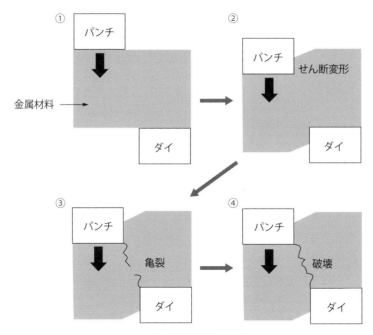

せん断加工の成形過程

oint
- ● 塑性変形と破壊による機械的切断と溶解による熱的切断
- ● 機械的切断は、刃物切断とせん断加工
- ● せん断加工は、高い生産性を有する多様に用いられている塑性加工

曲げ

1次加工された素材に曲げ変形を与える

25-1　曲げの特徴

　曲げとは、1次加工された板、条、管、形材、棒、線などの素材に曲げ変形を与える塑性加工の総称であり、立体形状の製品に形作るためには欠かせない加工方法の1つです。曲げは、加工様式からさまざまな種類に分けられています。

　特に、曲げによって板に付与される形状は、側面から見た形状をアルファベットに対応させて呼びます。具体的には、V字状のパンチとダイを使用してパンチ先端と2つのダイ側の肩の3点で曲げ加工を行うV曲げ、ダイと材料押さえにて板材を挟みながらパンチで曲げ加工を行うL曲げ、パンチと材料押さえによって材料を挟み込みながらダイで曲げ加工を行うU曲げの3種類です。

25-2　曲げ加工機

　曲げ加工に用いる機械は、鉄鋼材料や非鉄金属材料の板の曲げ加工を行うプレスブレーキや、管の曲げ加工を行うパイプベンダー、板を円筒状に曲げるロールベンダーなどがあります。

　プレスブレーキは、ベンディングマシン、ベンダーとも呼ばれています。パンチとダイを取り付けて、上下運動によって板の曲げ加工を行う機械です。その動力として油圧やサーボモータ、さらに油圧とサーボモータの組み合わせもあるようです。プレスブレーキの2018年の国内生産台数は約600台です。

　ロールベンダーは、板を2本以上の回転ロール間を通して、円筒状に曲げ加工を行う機械です。ロールの位置で、円筒の円弧を調整することができます。使用するロールの本数によって、2本ロールベンダーや3本ロールベンダー、4本ロールベンダーなどがあります。

25-3　曲げ加工の不具合

　代表的な曲げ加工における代表的な不具合は、スプリングバックと曲げ部の割れがあります。曲げ加工後の製品が、荷重を除いて製品を金型から取り出した際に、製品が金型に設定した曲げ角度通りに仕上がらない現象のことをスプリングバックと呼びます。スプリングバックは、材料の弾性率が低いほど、耐力が高い

ほど大きくなります。曲げ加工に用いる板は、通常、圧延加工により成形される
ため、板材内部の金属組織は圧延方向に長く伸びた形態となっています。そのた
め、板の特性に方向性を持っています。このことを異方性と呼び、一般的に圧延
方向に対して平行方向の伸びは、垂直方向に対して大きい。そのため、曲げ線が
圧延方向に対して直角となる場合は割れ難く、曲げ線が圧延方向に対して平行と
なる場合は割れ易い傾向があります。

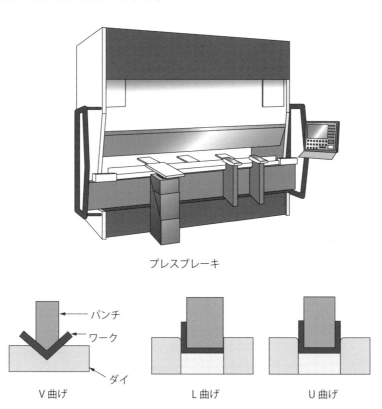

プレスブレーキ

V曲げ　　　　　　　L曲げ　　　　　　　U曲げ

曲げ加工の種類

Ｐoint
- 立体形状の製品に形作るためには欠かせない加工方法
- 主な曲げは、V曲げ、L曲げ、U曲げの3種類
- 曲げ加工の課題は、スプリングバックと割れ

26 切削

相対的な運動を与えて金属材料を工具で削る

26-1　機械加工の特徴

　工作機械を用いて、機械的なエネルギーを被加工材に付与して金属材料を機械的に除去する金属加工のことを機械加工と呼びます。具体的な機械加工として、金属材料に工具と相対的な運動を与えて削る切削と、高速で回転する砥石を用いて金属材料を削る研削の2つに分類されます。

　切削は、ボール盤や旋盤、フライス盤などの工作機械を用いて、金属材料の不要部分を切り屑として除去して、所用の形状や寸法へと仕上げる金属加工です。切削加工に使用する工具や、切削加工時の金属材料と工具の相対的な動きは、それぞれの工作機械で異なります。具体的には、工具を回転させて固定した金属に穴をあけるボール盤、回転させる金属に工具を接触させて金属表面を切削する旋盤、回転させたバイトを移動させて固定した金属表面を切削するフライス盤です。これらの切削加工のことを、それぞれ穴あけ加工、旋盤加工、フライス加工と呼びます。

　穴あけ加工は、ドリルと呼ばれる工具をボール盤に装着させて金属材料にさまざまな直径の穴をあけることができます。ドリル加工した穴を真直にさせるリーマ加工、穴を広げる中ぐり加工、ボルトやねじの頭部が出っ張らないようにするための穴の周囲を仕上げる座ぐり加工なども、穴あけ加工に含まれます。旋盤加工では、バイトと呼ばれる工具を旋盤に装着し、回転する金属材料を直進運動する工具で削ることができます。使用する工具種類と工具送り方向によって、外丸削り、面削り、穴あけ、中ぐり、溝切り、ねじ切りなどの加工が可能です。フライス加工では、エンドミルや溝フライス、正面フライスなどの工具をフライス盤に装着し、工具の回転と金属材料の送りの組み合わせで平面や曲面、溝を削ることができます。フライス盤は、工具の回転軸に平行な面で金属材料が送られる横フライス盤と、工具の回転軸に垂直な面で金属材料が送られる縦フライス盤の2種類があります。

26-2　切削の原理

　切削工具の刃が金属材料の表面に接触し押し続けると、その表面に変形が発生

し、金属材料がせん断応力によって破断し、切り屑として金属材料から分離していきます。切り屑の形態は、金属材料の特性、切削工具のすくい角、切込み量、切削速度が影響します。金属材料が延性的で、すくい角が大きく、切込み量が小さく、切削角度が速いほど、仕上がり面が良好で安定した切削状態と言えます。逆に、金属材料が脆性的で、すくい角が小さく、切込み量が大きく、切削角度が遅いほど、仕上がり面の粗さが粗くて良好な切削状態ではありません。

26-3　切削工具の材質

切削工具には、切削加工時に被加工材との接触部で高い温度と応力が負荷されるので、切削工具に損傷が発生してしまいます。切削工具の損傷形態を大別すると、摩耗と破損があります。摩耗は工具表面が切り屑や被加工材との摩擦により擦り減る現象のことで、一般的には工具材料の硬さが低いことが原因です。一方、破損は切削工具の一部が欠けてしまう現象で、一般的には工具材料の材料の粘り強さの程度であるじん性が低いことが原因です。

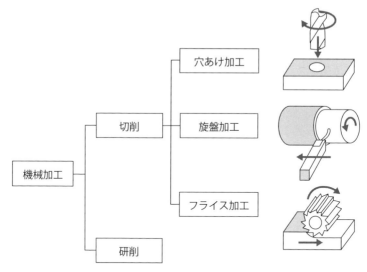

切削加工の分類

Point
- 不要部分を切り屑として除去して所用の形状や寸法へと仕上げる
- ボール盤、旋盤、フライスなどの工作機械を用いる
- 切削工具の損傷形態は、摩耗と破損

27 研削

砥石を使用して不要な個所を削り取る

27-1 研削の特徴

　研削は、不要な個所を削り取るという点では切削と同じ除去加工です。切削と研削の違いは、使用する工具にあります。切削はバイトやドリルなどの切削工具を使用するのに対して、研削では研削砥石や研削ホイールを使用します。研削砥石は、砥粒と結合剤、気孔から構成されており、砥粒や結合剤の種類、砥粒の粒度、結合度、組織によって種類が分かれています。台金の円周の外周部分だけに薄い砥粒層を持つ研削砥石を研削ホイールと呼びます。

　研削は、細かく硬い複数の粒子からなる砥石で金属材料を少しずつ削るので、研削面は非常に滑らかで、高い寸法精度で仕上げることができます。具体的には、切削加工面の表面粗さRaが約0.8〜6.3 μmに対して、研削のそれは約0.1〜1.6 μmと、約6分の1となります。

　研削は、高速で回転する砥石を用いて金属材料を削る機械加工で、大別すると自由研削と機械研削の2つに分けられます。自由研削は、卓上グラインダーやディスクグラインダーなどを使用した研削で、研削砥石、もしくは被加工物のいずれかが非固定な状態での研削です。機械研削は、固定された砥石を使用して固定された被加工物を研削します。機械研削は、平板形状の金属材料を平坦に研削する平面研削、丸形状の金属材料の外周を研削する円筒研削、穴の内面を研削する内面研削の3つに分けられます。それぞれの研削加工には、平面研削盤、円筒研削盤、内面研削盤が使用されます。

27-2 研削の原理と課題

　研削は、切削加工と比べてすくい角が大きくなるため、摩擦が大きくなり研削に必要なエネルギーが高くなります。そのため、切削に対して高速で研削し、また抵抗や熱によって砥粒の脱落によって新しい砥石が表れて、切れ味が保たれています。

　研削加工において注意しなければいけない事項として、目こぼれ、目つぶれ、目詰まりの3つの課題があります。砥石の結合力が弱かったり、厳しい研削条件

の場合に、目こぼれと呼ばれる、砥粒の過度な脱落が発生します。また、砥粒が摩耗しても脱落しない目つぶれ、砥石の気孔に切り屑が入り込む目詰まりも発生します。目つぶれと目詰まりが発生した場合は、ダイヤモンドからなる円錐状の工具で砥石表面を削って再生させます。

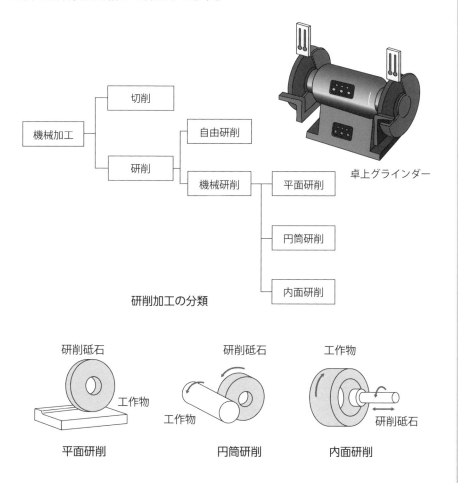

卓上グラインダー

研削加工の分類

平面研削

円筒研削

内面研削

Point
- ● 研削砥石は、砥粒と結合剤、気孔から構成
- ● 研削面は非常に滑らかで、高い寸法精度で仕上げることができる
- ● 目こぼれ、目つぶれ、目詰まりの3つの課題

接合

2つ以上の物をくっ付けて一体化

28-1 接合の特徴

　2つ以上の物をくっ付けて一体化させることを接合と呼びます。接合は社会の至るところで活躍する加工技術です。接合は、機械的接合、冶金的接合、接着の3種類に分類することができます。

　機械的接合は、リベットやボルトなどの締結材を用いたり、曲げなどの塑性変形により一体化させる方法で、特別な技能を不要として分解や解体も容易な反面、接合部に段差や凹凸が発生し、応力集中し易くなります。

　冶金的接合は金属の接合に用いられており、代表的なものは溶接です。溶接とは、接合させる金属材料同士を加熱し溶解させた後に冷却し、溶解部分が凝固することにより接合する方法です。具体的な溶接方法としては、ガス溶接、アーク溶接、レーザー溶接があります。ガス溶接は、プロパンガスやアセチレンガスと酸素を混合し燃焼させて得られる高温のガス炎を利用して金属を接合する方法です。アーク溶接は、電極棒と母材の間が電離状態となり、発生するアーク放電による熱により金属を接合する方法です。冶金的接合の特徴は、接合後の信頼性が高く、水密性・気密性が得られますが、異なる金属同士の接合は難しいです。

　冶金的接合は、溶接の他に圧接とろう付けがあります。圧接とは、金属同士の表面を密着させて、熱や圧力を加えることで溶解させて接合する方法で、具体的な圧接方法として摩擦圧接、超音波圧接などがあります。ろう付けとは、接合する金属より融点の低い合金を溶かして、接合する金属自体を溶解させずに接合させる方法で、接合に用いる接合する金属より融点の低い合金を一種の接着剤として用いており、具体的な合金として銀合金やはんだが用いられています。ろう付けの歴史は古く、紀元前3,000年頃のろう付けされた動物の置物や、銀の取手がはんだ付けされた銅製ボウルが発見されています。

　接着は、接着剤と呼ばれる媒体を用いて面で接合する技術です。接着剤のルーツは、紀元前8,000年の古代アラブ地方で建物や舗道の石材に用いられた石油を原料とするアスファルトと言われています。接着の特徴は、異なる材料同士の接

合が容易であるだけでなく、接合後の外観品質も良好なことですが、その反面、接合までに時間を要してしまいます。現在、接着剤は木質建材、衣類、自動車等、さまざまな分野で使用されています。溶剤系接着剤には有機溶剤が50〜70％配合されているので、火気と共に作業時の健康を害さないように注意が必要です。

28-2　新たな接合

　新たな接合方法として、摩擦撹拌接合があります。これは、1991年に英国の溶接研究所が考案した技術で、先端に突起のある円筒状の工具を回転させながら強い力で接合させたい材料に押し付けて貫入させることにより、摩擦熱による材料の軟化と、工具の回転力による材料の塑性変形により部材を一体化させる接合法です。摩擦撹拌接合は、アルミニウム合金を中心に各種車両、船舶、橋梁などの接合に適用されています。

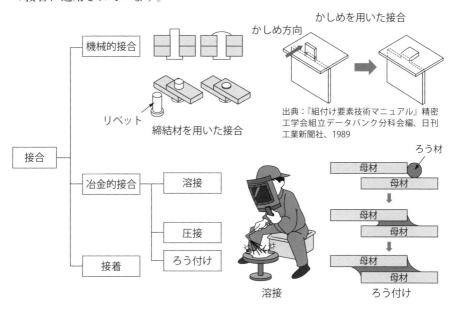

出典：『組付け要素技術マニュアル』精密工学会組立データバンク分科会編、日刊工業新聞社、1989

接合の分類

Point
- 塑性変形により一体化させる機械的接合
- 溶解部分が凝固することにより接合する冶金的接合
- 接着剤と呼ばれる媒体を用いて面で接合する接合

29 非接触加工

金型や工具を接触させずに金属材料を加工

29-1 非接触加工の特徴

　金型や工具を金属材料に接触させずに加工する金属加工を非接触加工と呼びます。具体的な非接触加工法として、高密度エネルギービームを利用したレーザー加工や電子ビーム加工、アーク放電を利用した放電加工、水を利用したウォータージェット加工などがあります。

　レーザー加工は、レーザー発振器から出射されたレーザー光をレンズで集束させて、そのエネルギーで金属材料を溶解させて、金属材料の切断や穴あけ、溶接、マーキングなどを行う金属加工法です。電子ビーム加工は、真空中で加熱したフィラメントから放出される電子を加速させて、さらに電磁コイルで収束させて、そのエネルギーで金属材料を溶解し、金属材料の切断や穴あけ、溶接などを行う金属加工法です。レーザーと電子ビームのいずれも高密度エネルギーで、レーザーは大気中で加工できるのに対して、電子ビームは真空状態を必要とします。

　放電加工は、電極と金属材料との間に生じるアーク放電によって金属材料を溶解し、穴あけや複雑形状への型彫りを行うことができます。放電加工は、切削加工が困難な金属材料の加工や、金型や精密部品の加工に用いられる場合が多いようです。

　ウォータージェット加工は、高圧水流を用いた金属加工法で、2種類に分類されます。1つは超高圧水のみを用いる方法で、樹脂やゴムなどの軟質材の切断に使用されます。もう1つは超高圧水と共に砥粒を噴射する方法で、金属材料の加工の切断に使用されます。特に、後者のウォータージェット加工のことをアブレシブジェット加工とも呼び、その特徴として金属材料への熱的な影響がないことが挙げられます。

29-2 レーザー加工

　レーザー（Laser）とは、Light Amplification by Stimulated Emission of Radiation の頭文字を取ったもので、共振器を用いて光を増幅して得られる人工的な光です。1960年にメインマン氏が初めてルビー結晶を用いたレーザー発振を成功さ

せました。レーザー光は、指向性と収束性が良いので、極めて高密度なエネルギーを1点に集中できるという特性を有しています。そのため、レーザー光を金属材料表面に照射すると表面温度が上昇し、金属材料が溶解、さらには蒸発します。この現象を利用して、金属材料に接触せずに金属を加工する方法をレーザー加工と呼びます。レーザー加工を大別すると、切断や穴あけなどの除去加工、溶接などの接合、焼入れなどの熱処理の3つに分類されます。

29-3　放電加工

　電極間にかかる電位差によって電流が流れる現象を放電と呼びます。放電加工は、この放電現象で金属材料を溶解させて除去する金属加工法です。放電は、1919年頃に金属粉末の製造に使用されたました。その後、1940年代にラザレンコ夫妻によって、金属材料を高い精度で加工する目的で放電現象を利用したのが現在の放電加工の始まりと言われています。

　放電加工は、電極と呼ばれる工具と金属材料を約1〜数十μmの間隔で対向させ、パルス状に電圧を印加して放電発生させて非接触で加工を行います。放電加工には、順次送り出される直径約0.2 mmのワイヤ電極を用いて、工作物を糸のこのように切り取るワイヤー放電加工と、電極の形状を金属に彫るように加工する型彫り放電加工の2種類があります。

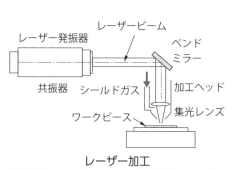

レーザー加工

出典：『トコトンやさしいレーザ加工の本』片山堅二、日刊工業新聞社、2019より一部抜粋

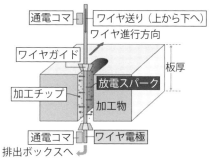

放電加工

出典：『わかる！使える！放電加工入門』ソディック放電加工教本編纂チーム編、日刊工業新聞社、2019

oint

- 集束させたレーザー光を用いたレーザー加工
- アーク放電現象で金属材料を除去する放電加工
- 高圧水流を用いたウォータージェット加工

〜金属加工に関連する言葉やことわざ〜

　日頃、何気なく使っている言葉やことわざで、金属加工に関連するものが少なくありません。例えば、「鍛錬（たんれん）」という言葉は、金属を打って鍛えるという意味の他に、厳しい訓練を積んで芸や心身を鍛えるという意味もあります。また、「鉄は熱いうちに打て」ということわざは、真っ赤に赤熱した鉄は変形抵抗が低く塑性加工しやすいのに対して、冷めてしまった黒ずんだ鉄は変形抵抗が高く塑性加工しにくくなることから、柔軟で吸収力があり熱意のある若い間に多くの経験を重ねることの重要性を意味しています。相手の話に合わせてうなづいたり、言葉をはさむことを意味する「相槌（あいづち）」という言葉は、鍛冶屋の師匠と弟子がタイミングよく交互に槌で刀を鍛造する様子からと言われています。このような金属加工に関連する言葉やことわざが多いのは、これまでに人と金属加工の深い関わりがあったからではないでしょうか。

〜身近な鋳物　マンホールの蓋〜

　マンホールとは、地下に埋設した上下水道管や電気ケーブル、ガス管の点検や清掃のために作業者が出入りするための穴のことで、日頃はマンホールには蓋がかぶせられています。そのマンホールの蓋には、強くて磨り減りにくい、ダクタイル鋳鉄と言われる鉄鋼材料が使用されています。このマンホールの蓋には、地域によってカラフルないろいろな絵や模様が描かれているものも多いようです。例えば、桃太郎の故郷として知られる岡山市のマンホールには桃太郎が、奈良市のマンホールには鹿がそれぞれ描かれています。

　毎日何気なく歩いている道路ですが、そこに必ずあるのがマンホールの蓋です。自分の町のマンホールや旅行先のマンホールを注意して見てみてはいかがでしょうか？

第 **4** 章

元材に機能を付与し
金属製品に仕上げる

30 投射

・・・

無数の投射材を高速で衝突させ金属表面を塑性加工や除去加工する

30-1　投射の特徴

　ショットと呼ばれる無数の投射材を金属材料の表面に高速で衝突させて、金属材料の表面を強化したり、表面に凹凸を付与したり除去する金属加工を投射と呼びます。前者の金属材料の表面を強化する投射をショットピーニング、後者の金属材料の表面の除去や凹凸を付与する投射をショットブラストと呼びます。特に、砂をショットに使用するショットブラストのことをサンドブラストとも呼びます。

　ショットピーニングの歴史は、1920年代にイギリスで行われた鋼球の自由落下による表面の加工硬化に関する研究が始まりのようです。一方、ショットブラストの歴史はショットピーニングより古く、1860年代後半にアメリカで考案された蒸気による砂の噴射による石材やガラスの切断加工が始まりと言われています。

30-2　ショットピーニング

　ショットピーニングされた金属表面は加工硬化し、金属表面への圧縮残留応力も付与することができ、金属材料の疲労強度や耐摩耗性、耐応力腐食割れ性を向上させることが可能です。そのため、ショットピーニングは、ばねや歯車などの金属部品に広く利用されています。ショットピーニングに使用する投射材は、加工目的と金属の特性に応じて選定されます。投射材の種類は、鋳鋼ショット、カットワイヤーショット、ガラスショット、セラミックスショットおよび超硬ショットがあります。金属粒子は、切断された金属ワイヤー粒子、溶けた金属を急冷凝固させた球形粒子、角のある非球形粒子などがあります。セラミックス粒子は、アルミナ、炭化ケイ素などがあり、高硬度な金属表面の処理に使用されます。また、アモルファス合金のショットも実用化されており、その弾性率の低さから加工後の金属表面の仕上がりが優れています。

30-3　ショットブラスト

　ショットブラストは、金属材料の表面へ凹凸の付与により潤滑油の保持性を上げたり、金属表面のバリやさびの除去などに用いられます。このため投射材も、

ショットピーニングに比べ、より小さい金属粒や砂粒などが使われます。また、金属材料の表面への凹凸の付与は、除去加工とは異なる加飾技術の1つとしても利用されています。凹凸形状になった表面は、梨地状になり反射率が軽減するため、つや消しの表面を得ることができます。そのため、投射加工はつや消しの樹脂製品向けの射出金型への適用も行われています。

30-4　新たな投射加工

最近では、ドライアイスを投射材として用いたものもあります。投射材として使用したドライアイスは二酸化炭素へと昇華するため、投射材による廃棄物が発生しないなどの利点があります。また、ガラスショットを高圧水で投射するウォータージェットピーニングや、気泡の破壊時に生じる衝撃力を用いたキャビテーションピーニングなどもあります。

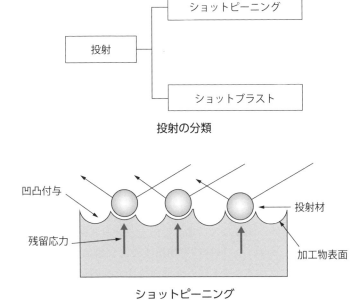

投射の分類

ショットピーニング

31 熱処理

金属材料を加熱・冷却して、金属の特性を向上させる

31-1 熱処理の特徴

　金属材料は、同一の合金組成であっても、その金属組織の状態によって異なった特性を示します。金属を加熱・冷却すると、その金属組織が変化します。この原理を利用して、金属材料の機械的性質をはじめとする諸性質を改善させることができます。このような、金属材料を加熱し、その後に冷却する操作を熱処理と呼びます。金属材料の特性をいかに発揮させるかは、この熱処理次第と言えます。熱処理は、鉄鋼材料や非鉄金属材料などのさまざまな金属材料で行われており、その熱処理の目的によって2つに大別されます。それらは、金属組織の調整と強度向上の2つです。

31-2 金属組織の調整

　溶湯を鋳型に注湯し、冷却後の鋳塊のことを鋳放しやas Castと呼びます。一般的に鋳放しの鋳塊には、凝固偏析と呼ばれる合金組成の不均質や内部歪などの不均一が存在しています。そこで、凝固後の鋳塊を加熱し、鋳塊の合金組成の均一化と内部歪除去を行います。この熱処理のことを均質化処理と呼びます。均質化処理は、主に押出や圧延などの熱間加工前の鋳塊に行われます。

　金属材料は、冷間で塑性加工を施すと加工歪の導入によって強度が増加します。これを加工硬化と呼びます。加工硬化によって強度が増加する一方で、延性は低下します。そのため、過度な冷間加工を施すと、金属材料に割れが発生してしまいます。冷間加工された金属材料を加熱すると、導入された歪が除去されて、金属組織を回復・再結晶させることができます。その結果、金属材料の強度は下がり、延性が得られるようになり、再び、冷間での塑性加工が可能になります。このような熱処理を焼鈍、あるいは焼なましと呼びます。また、鉄鋼材料の焼入れ後に導入した変態歪や熱応力歪を除去する焼き戻しや、内部歪除去や均質で微細な金属組織を得る焼ならし、また、ジュラルミンなどの時効硬化型の金属材料において、均質な固溶体の状態に加熱して急冷する溶体化処理も、合金組成の均質化や歪除去などの金属組織の調整を目的とした熱処理と言えます。

31-3　強度向上

　金属材料の強化機構を大別すると、加工硬化、析出硬化、固溶強化、結晶粒微細化、の4つに分けられます。いずれの強化機構も、転位と呼ばれる金属の結晶における欠陥の移動を抑制することに基づいています。

　これらの金属の強化機構の中で、熱処理と関係するものは析出硬化処理です。析出硬化処理は均質な固溶体の状態に加熱して急冷する溶体化処理後に、所定の温度と時間で加熱し、母相とは異なる化合物相を析出させる熱処理です。

　鉄鋼材料でオーステナイト化温度以上に加熱し急冷冷却する焼入れも、相変態に伴う固溶強化と結晶粒微細化により強度が向上します。なお、時効処理前の過飽和固溶体を形成させるために溶体化処理後に急冷することも焼入れと呼びます。表面熱処理と呼ばれる、金属の表面に所要の特性を付与する目的で行う表面焼入れと呼ばれる熱処理もあります。

材質	熱処理名称	目的	内容
炭素鋼・合金鋼	焼入れ	・鋼材の硬化	オーステナイト化温度以上に加熱・急冷する
	焼戻し	・焼入れ鋼のじん性向上	焼入れ後に再び加熱し、空冷する
	焼ならし	・金属組織均一化 ・機械的性質の向上	オーステナイト化温度以上に加熱後、大気中に放冷する
ステンレス鋼・非鉄金属	焼なまし 焼鈍（しょうどん）	・加工歪の除去 ・冷間加工性向上	高温に保持したのち徐冷する
	溶体化処理 固溶化熱処理	・均一な固溶体の形成	固溶体が形成される高温域での加熱
	時効処理 析出硬化処理	・析出硬化	溶体化処理後に急冷した後、室温保持、あるいは加熱保持する

鉄鋼と非鉄金属の熱処理

oint

● 金属組織を調整して特性を向上させる
● 熱処理加工はさまざまな金属で行われる
● 化合物相を析出させる時効処理

表面処理

金属材料の表面に装飾や機能を付与する

32-1 表面処理の特徴

　金属材料は、その表面を変化させることにより装飾や機能といった新たな価値を付与することが可能です。このような金属表面の装飾性や化学的・物理的特性の向上を目的に金属材料の表面に施す金属加工のことを表面処理と呼びます。

　表面処理を大別すると、金属材料自体、あるいは金属材料に付着している異物を除去する除去加工と、金属材料の表面に素地とは異なる層を付与する付加加工に分けられます。それぞれの具体的な加工として、除去加工は洗浄、研磨、エッチング、付加加工はめっき、化成処理、陽極酸化、塗装、浸炭・窒化、溶射、PVDやCVDなどの乾式処理などがあります。また除去加工と付加加工のいずれにも該当する表面処理として投射があります。

32-2 除去加工

　除去加工を分類すると、洗浄剤を用いる洗浄、物理的衝撃を利用した物理研磨、化学反応を利用した化学研磨、に分けられます。除去加工は、付加加工の前処理として行われる場合もあり、その後に行われる表面処理品質にも影響を与える重要な加工と言えます。

　洗浄は、洗浄剤を用いて金属材料を洗い、その表面の不要な付着物を除去する方法です。近年、プラズマなどの作用を利用した、液体の洗浄剤を使用しないドライ洗浄も注目されています。物理研磨は、金属材料の表面を物理的衝撃によって金属材料自体、あるいはその表面の不要な付着物を除去して金属表面を滑らかにする方法です。代表的な方法として、種々の材質・形状からなる投射材を金属材料表面に衝突させて、金属表面のバリやさびを除去する投射があります。化学研磨は、化学的な腐食などの化学反応により、金属材料自体、あるいはその表面の不要な付着物を除去して金属表面を滑らかにする方法で、エッチングとも呼びます。

32-3 付加加工

　金属材料の素地とは異なる層を金属表面に付与する付加加工は、めっき、化成

処理、陽極酸化、塗装、浸炭・窒化、溶射、PVDやCVDなどの乾式処理があります。めっきは、銅、ニッケル、クロム、金およびこれらの合金などの金属皮膜を金属表面に施す表面処理で、装飾やさまざまな機能を付与することが可能です。化成処理と陽極酸化は、化学反応や電解処理によって酸化物などの非金属皮膜を金属表面に施す表面処理です。塗装は、樹脂を主原料とした塗料を金属表面に塗る表面加工法であり、さびを防ぐ耐食性と装飾が主な目的です。浸炭・窒化は、金属表面に炭素や窒素を拡散させて硬くする表面処理です。溶射は、溶融、あるいは半溶融状態に加熱した溶射材料を金属表面に吹き付けて皮膜を形成させる方法です。溶射材料としては、金属、セラミックス、樹脂などがあり、その形状もさまざまで、溶射材料と加工物との組み合わせは無限と言われています。PVDやCVDといった乾式処理は、主に機械部品や工具類への硬質皮膜の形成技術です。

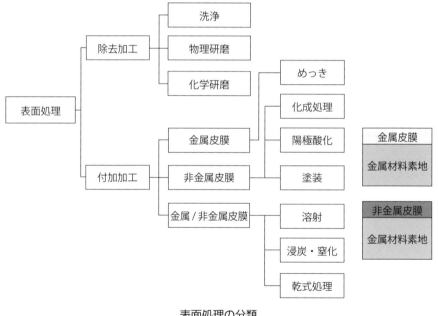

表面処理の分類

oint
- 前処理は表面処理加工の重要なプロセス
- 金属皮膜や非金属皮膜を施す表面処理加工
- 金属表面を硬化させる表面処理加工

33 化成処理

化学反応で金属材料の表面に素地とは異なる非金属物質の皮膜を生成させる

33-1　化成処理の特徴

　化成処理とは、金属材料の耐食性向上、塑性加工時の潤滑性付与、塗装の下地処理、加飾を目的に、化学反応で金属表面に酸化物やリン酸塩、硫化物などの素地とは異なる非金属物質の皮膜を生成させる表面処理加工のことです。化成処理の多くは無電解で、その処理温度は室温から100℃前後です。処理方法は対象とする金属材料を処理薬品に浸漬したり、塗布したりするため、比較的小物な部品などに幅広く適用されています。

　代表的な化成処理を大別すると、リン酸塩処理、シュウ酸塩処理、クロメート処理などがあります。リン酸塩処理は、主に鉄鋼材料を対象とした化成処理で、鉄鋼材料の表面にリン酸塩の皮膜を生成させて、塗料の密着性、さびを抑制する耐食性、ギヤやベアリングなどの部品の摺動特性、冷間鍛造時の潤滑性を向上させます。リン酸塩処理の歴史は古く、古代エジプト時代の鉄器がリン酸鉄皮膜で覆われていることが確認されています。ステンレス鋼はリン酸塩処理ができないので、ステンレス鋼の冷間鍛造時の潤滑性を向上させる皮膜としてシュウ酸塩処理が用いられます。

　クロメート処理は、クロム酸化合物を含有する溶液に金属を浸漬し、金属表面にクロム系酸化物や水和物の皮膜を生成させる化成処理です。クロメート処理は、亜鉛めっき鋼板やアルミニウム合金や銅合金の耐食性向上を目的に行われます。これまでは、有害な6価クロムを含有する溶液だったので、最近は、無害な3価クロム化成処理やクロムフリー化成処理への転換が進められています。

33-2　アルミニウムへの化成処理

　アルミニウムへの代表的な化成処理を大別すると、クロム系と非クロム系に分けられます。クロム系としては、リン酸クロメート処理、クロム酸クロメート処理、3価クロム処理、非クロム系としては、化学的酸化処理、リン酸亜鉛処理、ジルコニウム系処理などがあります。非クロム系の化学的酸化処理は、ベーマイ

ト処理とも呼ばれ、高温の水蒸気中で長時間の暴露処理をすることによりアルミニウム表面の酸化皮膜を成長させる方法で、古くから知られている化成処理技術の1つです。近年、化学的酸化処理が高強度・高耐食を実現させるアルミニウム合金の表面処理技術として注目されており、自動車部材や熱交換器、ヒートシンクなどへの展開が期待されています。

33-3　化成処理による金属材料の加飾

　金属の酸化皮膜は、酸化物自体の色調や、その厚さによる干渉効果によりさまざまな色調を作り出すことが可能です。そのため、化成処理で金属材料の表面に非金属物の皮膜を形成させて、銅やアルミニウムの加飾に用いられています。

化成処理	適用材料	用途
リン酸塩処理	鉄鋼材料、アルミニウム、亜鉛	防錆、塗装下地、塑性加工時の潤滑性
シュウ酸塩処理	ステンレス鋼	塑性加工時の潤滑性
クロメート処理	アルミニウム、亜鉛	防錆、装飾、塗装下地

化成処理の分類

皮膜色調	浴組成	温度・時間
赤色	硝酸鉄　2 g/L 次亜塩素酸ナトリウム　2 g/L	75 ℃×数分
青色	次亜塩素酸ナトリウム　2 g/L 酢酸鉛　1 g/L	100 ℃×数分
緑色	硫酸銅　75 g/L 塩化アンモニウム　12.5 g/L	100 ℃×数分
黒色	炭酸銅　400 g/L アンモニア　3500 mL/L	80 ℃×数分

銅合金の化成処理例

oint

● 溶液の塗布や浸漬のため簡便

● 処理温度も100 ℃前後で扱いやすい

● アルミニウムや銅の加飾にも用いられる

めっき処理

金属材料の表面に素地とは異なる金属皮膜を生成させる

34-1　めっき処理の特徴

　めっきとは、装飾と機能の付与を目的に、金属材料の表面に素地とは異なる金属皮膜を生成させる表面処理加工のことです。めっきの歴史は古く、紀元前1,500年頃にメソポタミア地方北部で鉄器の装飾と耐食性向上の観点で錫めっきが行われていたのが始まりとされています。現代でも、食品衛生法の観点から錫引きと呼ばれる方法で、銅製調理器具に錫めっきが施されているものがあります。

　めっきを大別すると、湿式めっき、乾式めっき、溶融めっきの3つに分類されます。湿式めっきは金属イオンを含む溶液中で行うめっきで、電気めっきと無電解めっきの2種類があります。電気めっきは、電気分解による金属の析出を利用しためっきのことで、めっきしようとする金属のイオンを含む溶液を用いて、被めっき金属を陰極、陽極にはめっきしようとする金属を用いて、陰極表面に金属イオンから還元された金属が析出してめっき皮膜が形成されます。電気めっきは、装飾品に用いられていますが、微細な電子部品への金めっき、銅めっき、ニッケルめっきにも利用されています。銅めっきは、下地めっきとして用いられる他に、はんだ付け性改善を目的とした表層めっきとしても用いられる場合もあります。電解銅めっき浴としては、硫酸銅浴、ホウフッ化銅浴、シアン化銅浴、ピロリン酸銅浴があります。

　無電解めっきは、金属イオンと還元剤との反応によって被めっき金属に金属を還元析出させてめっき皮膜を形成する方法です。無電解めっきのメリットは、めっき厚さの分布が被めっき金属の形状によって影響を受けず、均一な厚さの皮膜を形成することができることです。デメリットは、めっき反応の進行に伴う金属イオンや還元剤の消耗であり、それらの逐次補給などのめっき溶液の管理が難しいことです。

　乾式めっきは、乾式処理やドライ処理とも呼ばれており、大気圧より低い圧力中で金属や、酸化物・窒化物などの無機化合物の薄膜を被めっき金属表面に形成

させる方法のことで、物理蒸着と化学蒸着に分けられます。金属材料の鋳造や塑性加工に使用する金型や、機械加工のドリルやバイトなどの工具の表面処理に用いられています。

　溶融めっきは、溶融金属中に被めっき金属を浸漬して金属材料の表面にめっきする方法で、トタンと呼ばれる門扉や街路灯ポールの防錆用の亜鉛めっきがよく知られています。

34-2　めっき皮膜による分類

　めっきを金属皮膜の種類で分類すると、銅やニッケル、クロムなどの単金属めっき、ニッケル合金や錫合金などの合金めっき、複合めっき、の3つに大別されます。合金めっきは多様な色調を実現することが可能なため、装飾に用いられます。また、複合めっきは、潤滑性を有するテフロン粒子を含有する無電解ニッケル－リンめっきのように、めっき皮膜に機能性を付与することが出来ます。

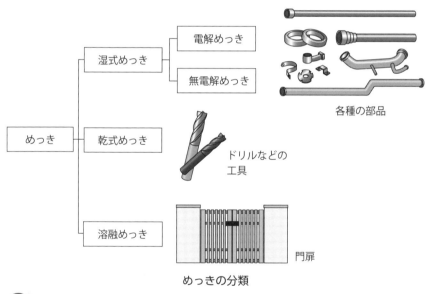

　　　湿式めっき　──　電解めっき
　　　　　　　　　└─　無電解めっき

　めっき　──　乾式めっき

　　　　　──　溶融めっき

各種の部品

ドリルなどの工具

門扉

めっきの分類

Point
- 湿式、乾式、溶融めっきの3種類
- 湿式めっきは電気めっきと無電解めっき
- 単金属めっき、合金めっき、複合めっき

35 陽極酸化処理

金属材料を電解処理して表面に酸化皮膜を生成

35-1 陽極酸化処理の特徴

　陽極酸化処理は、金属材料を陽極として電解液中で電解処理し、表面に非金属物質である酸化皮膜を生成させる表面処理方法です。陽極酸化処理が、化成処理に分類される場合もあります。陽極酸化処理で得られる皮膜によって、金属材料に耐食性や意匠性を付与することができます。陽極酸化処理は、英語ではanodizingと呼び、アルミニウムやチタン、マグネシウムの表面処理加工として用いられています。

　アルミニウムを陽極酸化処理すると、アルミニウム表面に大気中で生成する自然酸化皮膜より厚くて多孔質な酸化皮膜が形成されます。アルミニウムを陽極酸化処理することで得られる皮膜やその製品のことをアルマイトと呼びます。1929年に財団法人理化学研究所（当時。以下、理研）で発明・商標登録されたアルマイトは、「アルミニウムの三角定規を使うと製図用紙が汚れるので酸化皮膜をつけてほしい」と依頼された理研研究者の、アルミニウムの煮出し作業中の不注意によってその発明につながりました。

　アルマイトは、窓枠のアルミニウム押出型材、機械部品や航空機部品など、さまざまな分野で利用されています。アルミニウムの陽極酸化処理を電解液で分類すると、シュウ酸法、クロム酸法、硫酸法の3種類に分けられます。アルミニウムをこれらの酸性電解液中で陽極酸化処理すると、バリヤー層と呼ばれる緻密な酸化皮膜と、多孔質層と呼ばれる多孔質な酸化皮膜からなる多孔質型皮膜が生成されます。この多孔質型皮膜内に無機染料、もしくは有機染料を入れる染色法や、金属間化合物を析出させる電解着色法によって、着色処理も可能です。

　陽極酸化処理によって得られた酸化皮膜は多孔質なので、指紋や汚れが付きやすい、電解液によるしみや斑点が発生しやすい、着色処理した染料が溶出しやすい、耐光性が劣るなどの欠点があります。そこで、これらの欠点への対応のために、陽極酸化処理後に硫酸ニッケルを添加した沸騰水を用いた封孔処理が行われます。

35-2　チタンの陽極酸化処理

　陽極酸化処理はアルミニウムに限った表面処理ではなく、チタンの表面処理としても利用されています。チタンは、アルミニウムと同様に酸化しやすい金属材料のため、大気中に放置するだけでチタン表面には極薄い酸化皮膜が形成されます。チタンをリン酸などの電解液中で陽極として電解処理すると、チタン表面に人工的な酸化皮膜が形成されます。皮膜厚さによって鮮やかな干渉色が得られるので、陽極酸化処理はチタンの着色法として用いられています。得られる色調は陽極酸化処理の電圧上昇と比例した皮膜厚さの増加に伴い、黄金色、茶色、青色、黄色、紫色、緑色、へと変化します。チタンの陽極酸化処理は、高層ビルのカーテンウォールや屋根材・モニュメントに利用されています。

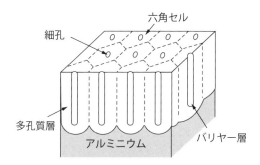

Kellerの陽極酸化モデル図

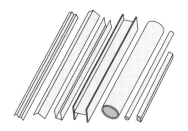

アルミニウムの押出基材

oint

- ● 金属に耐食性、意匠性を付与
- ● シュウ酸法、クロム酸法、硫酸法
- ● 染料封入や金属間化合物による着色

36 塗装

金属材料の表面に樹脂を主成分とした塗膜を施す

36-1　塗装の特徴

　塗装とは、防錆と装飾、さらには防かびや防藻などの機能の付与を目的に、樹脂を主成分とした塗膜を金属材料の表面に施す表面処理加工のことです。なお、塗装した塗料が乾燥して固まって膜状になったものを塗膜と呼びます。塗装は常温で処理でき、また加工物の大きさや形状にほとんど影響しないので、広く適用されている表面処理加工と言えます。そのため、自動車や道路標識、大型構造物の支柱、橋梁、歩道橋など、塗装はさまざまな分野で活躍しています。

　塗料の歴史は古く、紀元前1万6,500年から1万2,000年のフランスのラスコーや、紀元前1万5,000年のスペインのアルタミラの壁画に、酸化鉄や酸化マンガンなどを原料とした塗料が使われています。日本では、縄文時代から漆の木から採取した樹液を加工した漆を使った塗料があります。この日本古来の天然樹脂塗料である漆は、日本各地の伝統工芸技術として現代まで受け継がれています。

　現在使用されている塗料は、一般的に樹脂、硬化剤、顔料、添加剤、溶剤、の5種類の成分からなります。具体的には、樹脂と硬化剤、溶剤は塗料の固化、顔料は着色や防錆、強度、添加剤は塗料の表面張力や粘度を変化させる役割をそれぞれ担っています。

36-2　塗装方法

　塗装方法を大別すると、塗料を霧状にさせて金属表面に塗装する噴霧法と、塗料を直接金属表面に塗装する直接法に分けられます。

　噴霧法の種類は、液体状の塗料とエアコンプレッサで供給される圧縮空気を混合し霧状にした塗料を金属表面に付着させるエアスプレー方式、塗料自体に高圧力をかけて、噴出された塗料粒子が外部の空気と衝突・霧化されて金属表面に付着させるエアレススプレー方式、静電スプレー方式があります。3つの方式の中で、塗着効率はエアスプレー方式が最も優れています。

　一方、直接法の4種類は、刷毛を使用した刷毛塗り、塗料の入った槽に金属を浸漬・引き上げて乾燥させるディッピング、ロールで金属表面に塗料を塗るロー

ルコーター、水性塗料や水溶性樹脂を電解液として電着作用によって金属表面に塗装する電着塗装があります。

　電着塗装は、被塗装物を塗料の入った槽に浸漬して、被塗装物をプラス電極に、槽または電極をマイナスとして直流電圧をかけて、金属めっきと同様に、荷電した塗料粒子が被塗装物に電着し、被塗装物を全面的に塗装される方法です。塗料ロスがほとんどなく、塗装被膜が平滑・均一に仕上がり品質や生産性に優れるので、大量生産されるような商品に用いられています。一方、設備コストが高く、色換えが自由にできないなどのデメリットがあります。

塗装された金属製品

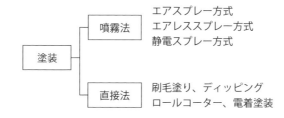

塗装方法の分類

oint

● 樹脂を主原料とした塗膜
● 5 種類の成分からなる塗料
● 塗装方法は噴霧法と直接法に大別

37 浸炭焼入れ・窒化

金属表面に炭素や窒素を拡散させて硬くする

37-1 表面硬化処理の特徴

　各種機械の摺動部品は、摩擦・摩耗の条件下で使用されるので、その表面には種々の表面硬化処理が施されます。また、表面硬化処理によって表面のみを硬化させることで、内部の高いじん性と表面の高い耐摩耗性を兼ね備えた特性を付与することも可能です。

　具体的な表面硬化処理を大別すると、ショットと呼ばれる無数の投射材を金属材料の表面に高速で衝突させて表面を加工硬化させる投射、鉄鋼材料の表面のみをオーステナイト化温度以上に加熱し急冷冷却し表面だけを焼入れ硬化させる表面焼入れ、低炭素鋼の表面に炭素を拡散・浸透させた後に焼入れして表面を硬化させる浸炭焼入れ、アルミニウムやクロム、チタン、バナジウムを含有する鉄鋼材料の表面に窒素を拡散・浸透させて表面に窒化物を生成させる窒化、溶融あるいはそれに近い状態に加熱した溶射材料を高速で表面に衝突させて皮膜を形成する溶射、硬質クロムめっきなどがあります。これらの表面硬化処理は、被加工材の表面から内部にかけて一定の深さで硬化層が形成される、投射、表面焼入れ、浸炭焼入れ、窒化と、被加工材の表面に硬化層が追加される溶射、硬質クロムめっきに分けられます。前者は後者と比べて、形成された硬化層は剥離しにくい傾向があります。ここでは、浸炭焼入れと窒化について解説します。

37-2 浸炭焼入れと窒化

　金属表面に元素を拡散させる表面硬化処理は、熱拡散処理とも呼ばれており、拡散させる元素の違いによって金属元素と非金属元素に分けられます。

　金属元素の熱拡散処理のことを金属セメンテーションと呼び、代表的な拡散させる金属元素としては、アルミニウム、クロム、亜鉛です。アルミニウムを拡散させるカロナイジング、クロムを拡散させるクロマイジング、亜鉛を拡散させるシェラダイジングがあり、これらは主に耐食性を向上させる目的で行われます。一方、拡散させる代表的な非金属元素としては炭素と窒素で、それぞれの非金属元素による熱拡散処理は、浸炭焼入れ、窒化と呼ばれます。

　浸炭焼入れとは、非金属元素である炭素を用いた熱拡散処理で、低炭素鋼を炭素が供給される媒介中で約900 ℃に加熱し、表面層の炭素濃度を高める浸炭の後に焼入れを行って表面を硬化させます。浸炭法は浸炭剤の種類によって、固体浸炭、液体浸炭、ガス浸炭の3つに分類され、このうち、ガス浸炭が現在の浸炭法の主流です。

　窒化は、アルミニウムやクロム、チタン、バナジウムを含有する鉄鋼材料の表面に窒素を拡散・浸透させて、表面にアルミニウムやクロムの窒化物を形成させて、鋼表面に硬化層を得る方法です。窒化は、炉内にアンモニアガスを導入し500～580 ℃に加熱することで、鋼表面に窒素を拡散させるガス窒化、ナトリウム塩やカリウム塩などとシアン化物からなる400 ℃以上の塩浴槽に浸漬し、鋼材の表面に窒素と炭素を進入させて、窒化物や炭化物を形成・硬化させる塩浴窒化、窒素ガスを含む低真空中でグロー放電によって形成されたプラズマを利用するプラズマ窒化があります。

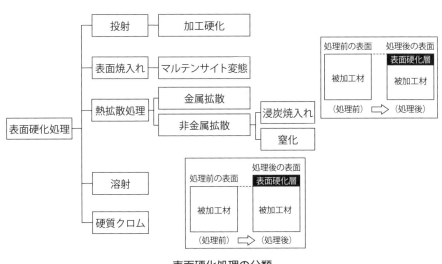

表面硬化処理の分類

Point
● 金属元素を熱拡散させる金属セメンテーション
● 炭素を熱拡散させる浸炭焼入れ
● 窒素を熱拡散させる窒化

38 溶射

加熱・溶融させた液体粒子を高速で衝突・積層させて皮膜を形成

38-1　溶射の特徴

　溶射とは、粉末や線、棒の溶射材料を加熱・溶融させた液体粒子を被加工材の表面に高速で衝突、扁平微粒子を積層させて表面に皮膜を形成させる方法です。金属を溶かして霧状にして吹きつける溶射は1909年頃にスイスのスクープによって発明され、溶射技術は100年以上の歴史を有しています。最初は金属を高温炉で溶かして吹きつける溶湯式と、金属粉末を高温炎の中に通して溶かしつつ吹きつける粉末式だったようです。現在では、溶射材料には金属、セラミックス、樹脂などがあり、これらを溶射することにより大面積に被覆して、基材に耐摩耗性の他に、耐食性や耐熱性などの機能を付与することが可能です。

38-2　溶射方法

　溶射は、溶射ガンに供給される燃焼エネルギーや電気エネルギーの熱源により粉末や線、棒の溶射材料を溶融させて、溶射材料の液滴または粒子を搬送ガスで加速させて基材表面に吹き付けることによって基材表面に溶射材料の皮膜を強固に付着形成させる表面処理方法です。溶射方法は、熱源、溶射材料の形態、溶射雰囲気のそれぞれを組合せて目的に応じた溶射装置が用いられています。具体的な溶射装置として、アセチレンなどのガス燃料と酸素による燃焼エネルギーを熱源とした溶射方法をフレーム溶射、電気エネルギーを熱源としたアーク溶射、高温の熱プラズマジェットを利用する溶射方法をプラズマ溶射と言います。

　高速フレーム溶射は、High Velocity Oxygen-Fuel Flame Spray Processの頭文字をとってHVOFとも呼ばれ、ガス炎を熱源としたフレーム溶射の1種であり、燃焼室の圧力を高めることによって連続の高速燃焼を発生させる溶射方法です。

38-3　溶かさずに固体のままで皮膜を形成

　溶射材料を溶かして基材に積層する溶射に対して、コールドスプレーは、1980年代にロシアの研究者によって考案された、空気や窒素、あるいはヘリウムなどの圧縮ガスによって金属粒子を加速し、溶かさずに固体のままで基材に衝突させ

て塑性変形により皮膜を形成する方法です。コールドスプレーは、これまでの溶射と比較して加工温度が低いため、酸化や熱の影響を受けにくい、厚膜の形成が可能、成膜速度が速い、などの特徴を有しています。

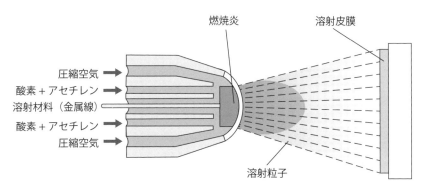

溶線式フレーム溶射の概略

出典：『トコトンやさしい表面処理の本』仁平宣弘、日刊工業新聞社、2009

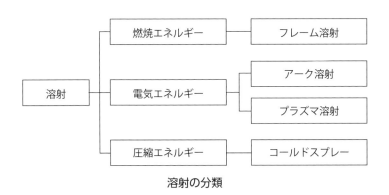

溶射の分類

Point

● 大面積に被覆して機能を付与
● フレーム溶射、アーク溶射、プラズマ溶射
● 固体のままで基材に衝突させて皮膜を形成するコールドスプレー

Column 07

～注目が集まる　銅の抗菌・抗ウイルス特性～

　銅や銀の抗菌・抗ウイルス作用は古くから知られており、例えば、「銅の容器に入った水は腐らない」、「牛乳容器に銀コインを入れると牛乳が長持ちする」などと言われていたようです。

　最近のコロナウイルスによって、抗菌・抗ウイルスに対する意識が高まっており、銅や銀の抗菌・抗ウイルス特性が改めて注目されています。例えば、銅繊維を使用したマスクや、銅粉末を含有する樹脂製品などが開発されています。また、最近、除菌性・耐変色性を有する銅合金が新たに開発され、医療機関のドア手すり、ボールペン素材などに展開されています。また、一般社団法人日本銅センターでは、銅の超抗菌性能を生かした材料、製品を世の中に広く普及させる目的で、CU STARという認定制度を行っています。

　銅の抗菌・抗ウイルス特性を活用した新規開発や認定制度によって、抗菌・抗ウイルス分野での銅および銅合金の新たな展開が期待されます。

Column 08

～アルミニウムは「電気の缶詰」～

　アルミニウムの原材料であるボーキサイトからアルミニウム地金を製錬する際に多量な電気を必要とするため、アルミニウムは「電気の缶詰」と言われています。具体的には、ボーキサイトから1トン（1,000 kg）のアルミニウムを作るのに一般家庭の約7年分の電力エネルギーが必要です。一方、一旦作られたアルミニウム製品をもう一度溶かして再利用するのに必要なエネルギーは、ボーキサイトから作るエネルギーの約3％で済みます。ですから、使用済みアルミニウムをどんどん再利用すれば少ないエネルギーで済むということになります。

　アルミニウム製品の中でもリサイクルが進んでいるのは、飲料用アルミニウム缶です。回収された飲料用アルミニウム缶は、さまざまな工程を経て、新たな飲料用アルミニウム缶や、エンジンなどの自動車用部品に再利用されています。このような飲料用アルミニウム缶のリサイクル率は、毎年90％を超える高い水準を推移しています。

第 5 章

金属加工を
実現させる金型

39 金型

金属加工で使用する金属製の型

39-1　金型の特徴

　金属は、融点の前後で状態が変化します。具体的には、固体の金属を融点以上に加熱すると固体から液体に溶解し、液体の金属を融点以下に冷却すると液体から固体に凝固します。このような金属の状態変化を利用して金属加工が行われます。具体的には、液体金属の流動性を利用した鋳造加工と、固体金属の塑性を利用した塑性加工です。これらの金属加工で使用する金属製の型のことを金型と呼びます。金型を使用した金属加工では、金型に形成された「形状」を金属材料に「転写」し、同じ形状の金属製品を多量に製造することができます。金型は、金属製品に限らずプラスチックやゴムなどの樹脂製品や、ガラスなどのセラミックス製品の成形にも用いられています。

　液体金属の流動性を利用した鋳造加工に使用する金型は、固定金型と可動金型からなります。鋳造加工の際、固定金型と可動金型を閉じた状態で、内部に形成される空間に液体金属である溶湯を注湯し、冷却し、鋳塊へと凝固させます。

　固体金属の塑性を利用した塑性加工では、固定金型と可動金型の間に板や条、棒、線などの固体金属を配置して、動力による負荷をかけて金属材料を塑性変形させます。金型を使用した代表的な塑性加工としては、鍛造やプレス加工などが挙げられます。

39-2　金型材料に求められる特性

　鋳造加工時は溶解した液体金属の注湯・凝固に伴う加熱／冷却の繰り返し、塑性加工時は成形時の負荷／除荷の繰り返しに、金型がさらされます。そのため、鋳造加工と塑性加工のいずれの金型においても、熱や荷重の繰り返しに対する耐久性が求められます。耐久性が不十分な場合は、金型に摩耗や焼付き、割れ、変形などが発生してしまいます。この耐久性に対応するために、金型に使用する金属材料には、高強度で高じん性な特性が求められます。代表的な金型材料としては、工具鋼や超硬材料が使用されます。また、特に耐摩耗性や耐焼き付き性への対応として、金型への表面処理も施されます。

39-3　金型加工

　金属材料に形状を付与する金型は、加工後の金属製品に求められる形状や寸法精度、表面性状を実現させるために、高い技術レベルが求められます。また、前述したように、金型材料は耐久性向上に向けて難加工材が使用されることが多くなってきています。このような状況で、金型加工は、フライス切削、旋削、研削、放電加工などさまざまな金属加工が採用されます。特に、複雑な形状加工が必要となる製品部の加工では、NCフライス盤やマシニングセンタなどが用いられています。

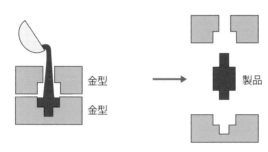

金型　製品
金型

金型鋳造法

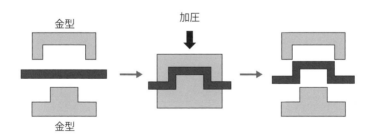

金型　加圧

金型

プレス金型

ⓟoint

● 金型の「形」を金属材料に「転写」し、同じ形状の金属製品を多量に製造

● 高強度で高じん性な特性が求められる金型材料

● 代表的な金型材料は工具鋼や超硬材料

40 合金工具鋼

40-1　金型に使用される合金工具鋼

　炭素含有量を規定してクロムやニッケル、モリブデンなどを添加した鉄鋼材料のことを特殊鋼と呼びます。特殊鋼の中で、金属材料や非金属材料の切削加工に使用する切削工具や、塑性加工用の金型に使用される鋼種を工具鋼と呼び、炭素工具鋼、合金工具鋼、高速度工具鋼の3種類に分類されます。

　合金工具鋼の歴史は、18世紀から19世紀にかけてクロムやタングステン、ニオブ、バナジウム、マンガンなどの金属元素の発見と、それらの工具鋼への合金成分としての有効性が確認されることによって始まったようです。合金工具鋼は、耐摩耗性や耐熱性などの特性を改善するために、炭素工具鋼にクロムやモリブデン、タングステン、バナジウムなどを添加した鋼種で、日本産業規格ではSKS材とSKD材になります。SKD材は、ダイス鋼とも呼ばれる金型用の合金工具鋼で冷間金型や熱間金型に使用されます。代表的な冷間金型用としてSKD11、熱間金型用としてSKD61がそれぞれ挙げられ、SKD11を基本鋼として冷間で使用するものを冷間工具鋼、SKD61を基本鋼として熱間で使用するものを熱間工具鋼と呼びます。

40-2　冷間工具鋼と熱間工具鋼

　冷間工具鋼は、たがねやポンチなどの工具、鍛造やプレス、圧延などの冷間加工用金型に使用されます。このような冷間で行われる塑性加工時は、金型に高荷重と衝撃荷重が負荷されることから、冷間工具鋼には特に強度が求められます。また、塑性加工時の負荷/除荷による繰り返し荷重により、冷間工具鋼には疲労特性も求められます。そのため、冷間工具鋼の成分としては炭素含有量が高く、炭化物が比較的多い鋼種となります。具体的には、SKD11の他に、SKD11より炭素量とクロム量を減らしてじん性を向上させた8%Cr鋼や、0.1%前後の硫黄を添加して被切削性を向上させた鋼種などがあります。

　熱間工具鋼は、加熱した金属材料の鍛造やプレス、押出、圧延などに使用する熱間加工用金型に使用されます。加熱された被加工材の変形抵抗は低いので、熱

間工具鋼には、その強度より加熱/冷却による割れが発生しにくいじん性の高さが求められます。そのため、熱間工具鋼の成分としては炭素含有量が低く、炭化物が少ない鋼種となります。具体的には、SKD61の他に、SKD61よりクロム量を減らしてモリブデン量を増やしたSKD7や、SKD8などがあります。熱間工具鋼は、溶湯を凝固させて鋳塊に仕上げるダイカスト金型にも使用されます。ダイカスト金型では、溶湯と金型材料の合金化による溶損という問題があります。この溶損の抑制には、熱間工具鋼からなる金型への表面処理が有効と言われています。

　一般的に金属材料の強度とじん性は、相反の関係にあります。すなわち、強度が高い金属材料のじん性が低く、強度が低い金属材料のじん性は高いことになります。このような関係に対して、高強度で高じん性な特性を備えた金型用の合金工具鋼として、特殊鋼メーカー各社独自の合金工具鋼が合金成分や製造工程の改善によって開発されています。

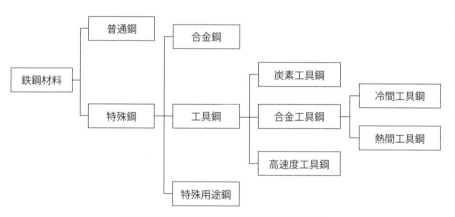

鉄鋼材料における合金工具鋼の位置付け

oint

● SKD材は、ダイス鋼とも呼ばれる金型用の合金工具鋼
● 冷間で使用する冷間工具鋼、熱間で使用する熱間工具鋼
● 相反関係にある強度とじん性

41 超硬合金

高い弾性率と硬度、優れた耐摩耗性を有する複合材料

41-1 超硬合金の特徴

　超硬合金は、硬質相と結合相からなる複合材料で、1923年にオスラムランプ社で開発され、1927年にクルップ社から切削工具として発売されました。超硬合金の定義は、広義には硬質相としてチタン、ジルコニウム、ハフニウム、バナジウム、ニオブ、タンタル、クロム、モリブデン、タングステンの9種類の金属炭化物や金属窒化物を、結合相として鉄、コバルト、ニッケルを焼結させた複合材料とされています。最も一般的な超硬合金としては、硬質相としてタングステンの炭化物であるタングステンカーバイト（WC）粒子、結合相としてコバルト（Co）からなるタングステンカーバイト－コバルト系合金があります。

　超硬合金の特徴は、高い弾性率と硬度、優れた耐摩耗性にあります。また、硬質相のWCは熱伝導率が高いので、熱を逃がしやすい特徴があります。そのため、超硬合金の耐摩耗性に優れて焼き付きしにくいことから、切削工具や金型に使用されています。また、超硬合金を切削工具に用いる場合、耐摩耗性をより高めるために、その表面に窒化チタンや窒化アルミチタンなどの硬質皮膜のコーティングが施されています。一方で、超硬材料のじん性が低いため、チッピングなどの破損が生じやすいことが挙げられます。

　超硬合金の特性は、硬質相であるタングステンカーバイト粒径や粒度分布、硬質相のタングステンカーバイトと結合相のコバルト含有量などが影響します。具体的には、タングステンカーバイト粒子径が小さく、かつコバルト含有量が少ないほど硬度が増加します。その一方で、じん性は低下します。超合金の特性とそれぞれの影響因子の関係を利用した各種の超硬合金が開発されて、さまざまな用途に使用されています。具体的には、鍛造用金型に使用される超硬合金は、結合相であるコバルトの割合が15～27％のものが多く使われています。

　超硬合金は、その主成分であるタングステンカーバイドの融点が2,900℃と高温なので、溶解、鋳造による製造が困難です。そのため、粉末冶金により金属粉末をプレスした後、焼結して所定形状を製造します。

　超硬合金の成分であるタングステンとコバルトは、いずれもレアメタルと呼ばれる希少金属なので、超硬合金を将来的に安定に生産し続けることに対する不安が持たれています。そのため、使用済み超硬合金のリサイクル技術や、超硬合金の代替材料に関する研究開発が進んでいるようです。

41-2　サーメット

　サーメット（Cermet）とは、セラミックス（Ceramics）と金属（Metal）からなる造語で、超硬合金の中で硬質相としてチタン炭化物のチタンカーバイト、結合相としてニッケルからなるチタンカーバイト-ニッケル系合金をサーメットと呼んでいます。チタンカーバイトは鉄との親和性が低いので、サーメットを使用した切削工具で加工した鉄鋼材料の切削加工面は優れています。

結合相：コバルト　　　硬質相：タングステンカーバイト

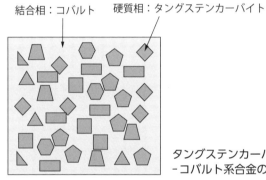

タングステンカーバイト
-コバルト系合金の金属組織

		硬度	じん性
タングステンカーバイト粒径	小さいほど	↗	↘
コバルト含有量	少ないほど	↗	↘

硬度とじん性にに及ぼすWCとCoの影響

Point
- 一般的な超硬合金はタングステンカーバイト-コバルト系合金
- タングステンカーバイトの粒径や粒度分布、コバルトの割合
- サーメットは超硬合金の一種

42 金型表面処理

鋳造加工や塑性加工で使用する金型の寿命を向上させる

42-1 金型表面処理の特徴

　金属材料の鋳造や塑性加工に使用する金型は、注湯・凝固に伴う加熱/冷却や、成形荷重の負荷/除荷が繰り返されます。そのため、金型には熱や荷重の繰り返しに対する耐久性が求められます。特に、高温の溶湯が高速・高圧で金型に注湯されるダイカスト金型では、耐熱性、耐摩耗性、焼付きやかじりへの耐溶着などが求められます。これらの要求に対して金型材料のみでは限界があります。そこで、金型へのこれらの要求に対応した機能性付与の観点で、窒化チタンや窒化アルミチタン、炭化チタンなどのセラミックスの硬質皮膜が金型表面に施されます。

　金型へのセラミックス硬質皮膜の表面処理は、PVDと呼ばれる物理蒸着やCVDと呼ばれる化学蒸着によって行われます。このようなPVDやCVDの表面処理のことを、めっきやアルマイトなどの湿式処理に対して、乾式処理と呼びます。このような金型表面処理は、鋳造加工や塑性加工で使用する、工具鋼や超硬合金からなる金型寿命向上に欠かせないものとなってきています。

42-2 PVDによる表面処理

　Physical Vapor Depositionの頭文字をとったPVDは、物理蒸着とも呼ばれる表面処理方法で、真空蒸着、スパッタリング、イオンプレーティングの3種類があります。

　真空蒸着は、蒸発源である金属を真空中で加熱して蒸発させて、処理物に皮膜を形成させる方法です。真空蒸着は、主に純金属の蒸着に用いられています。例えば、アルミニウムをプラスチックに真空蒸着させた鏡やコンパクトディスクなどがあります。スパッタリングは、減圧したアルゴン雰囲気で蒸発源と処理物間に高電圧をかけてアルゴンイオンが蒸発源に衝突して金属原子が放出されて、処理物に皮膜を形成させる方法です。イオンプレーティングは、真空中で蒸発源と処理物間に電圧をかけ、気化した金属をイオン化して処理物に皮膜を形成させる方法です。イオンプレーティングは、他のPVD法と比較して皮膜の密着性に優

れています。

42-3　CVDによる表面処理

　Chemical Vapor Depositionの頭文字をとったCVDは、化学蒸着とも呼ばれる表面処理方法で、化学的な成膜方式で、大気圧〜中真空（100〜10^{-1}Pa）の状態において、ガス状の気体原料を送り込み、熱やプラズマ、光などのエネルギーによる化学反応で処理物に皮膜を形成させる方法です。CVDは、半導体製造に用いられており、皮膜密着性、付きまわりの良さから金型表面処理としても利用されています。具体的なCVD処理方法としては、加熱した処理物上でガス状の気体原料を熱分解反応させて、金属や酸化物、窒化物の皮膜を形成させる熱CVD、光を化学反応のエネルギーとして用いる光CVDなどがあります。

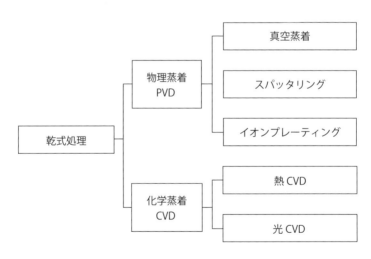

金属表面処理の分類

oint
- ● 金型への機能性付与を目的とした表面処理
- ● PVDやCVDによるセラミックス硬質皮膜
- ● 乾式処理、あるいはドライ処理

～ふいご～

　炉の温度を上げるために、炉内に風を送る道具のことをふいごと呼びます。紀元前15世紀頃のエジプトのレクミラの墓壁画には、ふいごを用いた当時の鋳物職人の作業の様子が描かれています。このように、ふいごは当時の金属加工に欠かせない道具であったと言えます。

　人類が金属と出会ってからふいごを利用し始めるまでは、銅や鉄が溶解する融点まで温度を上げることができなかったため、古代人は銅粒や鉄粒をるつぼ内で加熱・焼結させる、いわゆる粉末冶金で焼結体を作成し、その後、この焼結体を鍛造してさまざまな形状に仕上げていたようです。その後、人類はふいごを利用するようになり、青銅器の時代を経て鉄器の時代を迎える過程で、ふいごは必要な高温の火力をつくるために、自然風を利用する過程で強制的に風を送風する道具として進化していったと考えられています。言い換えれば、ふいごは人類の金属の活用に大きな役割を果たしたと言えます。

～ステンレス鋼は、なぜ被削性が劣るの？～

　ステンレス鋼の被削性が劣る要因は、2つあります。1つ目の要因は、ステンレス鋼の高い加工硬化係数にあります。金属材料は、一般的に塑性変形を施すと、加工硬化により強度が増加します。加工硬化係数とは、加工硬化のしやすさを示す指標のことで、n値で表されます。一般的なオーステナイト系ステンレス鋼として知られるSUS304のn値は、炭素鋼のそれの約2倍もあります。2つ目の要因は、ステンレス鋼の熱伝導率の低さにあります。ステンレス鋼の熱伝導率は炭素鋼の3分の1以下と低いので、切削加工時に発生する加工発熱が蓄積し、加工工具が破損し易くなってしまいます。このような加工硬化のしやすさと熱伝導率の低さが、ステンレス鋼の被削性の低さの要因となっています。

第**6**章

金属加工を
実現させる設備

43 金属加工機械

金属材料に形状や機能を付与する金属加工に使用する機械

43-1　金属加工機械の分類

　私たちは、日常生活の中でさまざまな機械を道具として使用して、自分たちの生活を豊かにしています。例えば、移動に使用する自動車や電車、料理に使用するミキサーやオーブンレンジ、縫製に使用するミシンなど、枚挙にいとまがありません。金属加工においても同様です。金型や工具を装着した駆動する機械を用いて、高精度な金属加工を再現良く、効率良く行えるようにしています。このような金属材料に形状や機能を付与する金属加工に使用する機械を、金属加工機械と呼びます。

　金属加工機械の分類はさまざまあります。例えば、総務省による「日本標準商品分類」では、金属加工に関する機械は、大分類3「生産用設備機器及びエネルギー機器」の中分類32で、金属材料を加工する機械として「金属加工機械の種類」が定義されています。「金属加工機械の種類」は、更に「金属工作機械」、「金属1次製品製造機械および精整仕上げ装置」、「第2次金属加工機械」など8種類に分けられています。

43-2　工作機械

　日本産業規格では、工作機械のことを「主として金属の工作物を、切削、研削などによって、又は電気、その他のエネルギーを利用して不要な部分を取り除き、所要の形状に作り上げる機械。ただし、使用中機械を手で保持したり、マグネットスタンドなどによって固定するものを除く。」と定義されています。代表的な工作機械としては、ボール盤、旋盤、フライス盤、放電加工機などがあります。

43-3　1次および2次製品製造機械

　「金属1次製品製造機械および精整仕上げ装置」は、元材を鋳塊、粉末、板・条・型材・管・棒・線・箔などの素材へ1次加工する際に使用する機械、「第2次金属加工機械」は、鋳塊、粉末、板・条・型材・管・棒・線・箔などの素材を2次加工する際に使用する機械です。具体的な「金属1次製品製造機械および精整

仕上げ装置」としては圧延機や押出機、伸線・引抜き機など、「第2次金属加工機械」としては鍛造機やプレス機などになります。

43-4　エネルギーによる金属加工機械の分類

　金属加工は、金属材料に機械的、熱的、化学的なエネルギーを与えて行われます。このような金属材料に与えるエネルギーの種類によって、金属加工機械を分類することも可能です。具体的には、金属材料に機械的エネルギーを与える金属加工機械としては、塑性加工のプレス機械や圧延機、除去加工の工作機械があります。熱的エネルギーを与える金属加工機械としては、溶解炉や熱処理炉、放電加工機、溶接機などがあり、化学的エネルギーを与える金属加工機械としては、めっきやアルマイトなどの表面処理機などがあります。

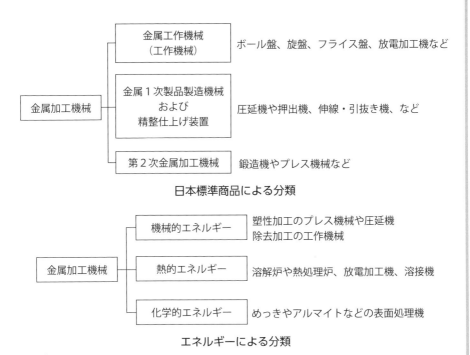

金属加工機械 ─ 金属工作機械（工作機械）　ボール盤、旋盤、フライス盤、放電加工機など

金属1次製品製造機械および精整仕上げ装置　圧延機や押出機、伸線・引抜き機、など

第2次金属加工機械　鍛造機やプレス機械など

日本標準商品による分類

金属加工機械 ─ 機械的エネルギー　塑性加工のプレス機械や圧延機　除去加工の工作機械

熱的エネルギー　溶解炉や熱処理炉、放電加工機、溶接機

化学的エネルギー　めっきやアルマイトなどの表面処理機

エネルギーによる分類

Point
- 高精度な金属加工を再現・効率良く
- 工作機械と1次および2次製品製造機械
- エネルギーによる金属加工機の分類

44 プレス機械

金属材料を成形するプレス加工で使用する金属加工機械

44-1 プレス機械の特徴

　金属材料に機械的エネルギーを与えて、塑性変形によって形状を付与する金属加工機械は、圧延機、押出機、伸線・引抜き機、プレス機械などが挙げられます。この中で、プレス機械は、ブロック状の金属材料を成形する鍛造加工や、板材や条材の金属材料を成形するプレス加工で使用する金属加工機械のことで、プレス機械とも呼びます。日本産業規格では、プレス機械のことを「2個以上の対をなす工具を用い、それらの工具間に加工材を置いて工具に関係運動を行わせ、工具によって加工材に強い力を加えることによって加工材を成形加工する機械で、かつ、工具間に発生させる力の反力を機械自体で支えるように設計されている機械」と定義されています。

　金型を搭載したプレス機械の繰り返し上下運動で発生する機械的エネルギーで金属材料に塑性変形を与えることが可能なため、プレス機械では同じ金属製品を多量に生産することができます。

44-2 プレス機械の動力源による分類

　プレス機械は、動力源の種類によって機械プレス、液圧プレス、サーボプレスに分類されます。具体的な動力源として、機械プレスはフライホイールの回転運動、液圧プレスは油圧や水圧、サーボプレスはサーボモーターをそれぞれ使用しています。

　機械プレスは、フライホイールの回転運動をスライド運動に変換させて、圧力を負荷させます。加工速度も速く、生産性が高いことが特徴で、最も多く使用されているプレス機械です。液圧プレスは、油圧や水圧で圧力を負荷させるプレス機械で、水圧プレスより油圧プレスが広く使われています。サーボプレスは、サーボモータでスライドを駆動するため、圧力や負荷速度を精密に制御することが可能です。2018年の機械プレスの生産台数は約2,600台、同年の液圧プレスは約1,800台です。

44-3　安全対応

　プレス後の金属製品の形状や寸法は、基本的には使用する金型に依存することから、プレス機械の作業自体は特に技能を要するものではありません。しかし、プレス機械を用いたプレス作業では、金型などへの身体の一部の挟まれや、被加工物の飛散による受傷など、プレス機械による労働災害発生のリスクは決して低くありません。安全にプレス作業を行うためには、安全囲いや安全装置などのハード面、安全教育や作業標準などのソフト面の安全対応が必要です。

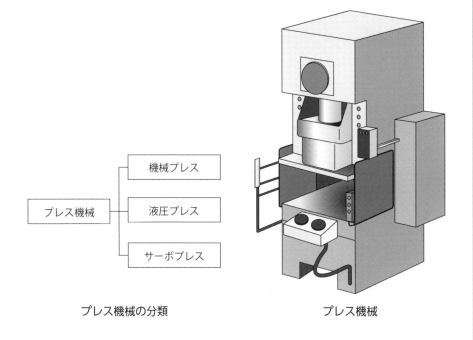

プレス機械の分類　　　　　　　　　　　　プレス機械

Point
- 同じ金属製品を多量に生産することが可能
- 動力源の種類によって機械プレス、液圧プレス、サーボプレスに分類
- 安全にプレス作業を行うためには、ハード・ソフト面の安全対応が必要

45 工作機械

除去加工で形状を付与する金属加工機械

45-1　工作機械の特徴

　工作機械は、金属材料にエネルギーを与えて、除去加工によって形状を付与する金属加工機械です。私たちの身の周りにあるさまざまな機械や部品、具体的には自動車やスマートフォン、家電製品、デジタル機器、時計などに使用される金属製の各種部品は、工作機械で作られています。そのため、工作機械は機械を作る機械としてマザーマシンとも呼ばれています。

　代表的な工作機械は、主としてドリルを使用して被加工物に穴あけ加工を行うボール盤、被加工物に回転させながらバイトなどの工具に送り運動を与えて削り加工やねじ切り加工を行う旋盤、被加工物を固定するテーブルと工具を装着した回転主軸との間に相対運動を与えて削り加工や穴あけ加工を行うフライス盤、回転する研削砥石を工具として用いて被加工物を削る研削盤、放電現象を利用して被加工物を加工する放電加工機があります。

45-2　工作機械の歴史

　工作機械の始まりは、茶碗などの陶器を作る際に使用するろくろの原理を利用した旋盤と言われています。その後、1452〜1519年にレオナルド・ダ・ヴィンチによって足で回転させるボール旋盤へと進化しました。1770年代に入り、工作機械はイギリスで発明されて産業革命の推進力となった蒸気機関や紡績機械の製造に貢献したことが始まりで、18世紀末以降にさまざまな工作機械が開発されて、現在へと至ったようです。

45-3　工作機械の受注動向は景気のバロメーター

　工作機械の性能の優劣が、工作機械から生み出される金属製品の競争力を左右するため、その国の工業力にも影響を与えます。また、工作機械の受注動向は、さまざまな産業の設備投資の動向をいち早く表すことから、経済の先行指標とされています。2019年の工作機械受注金額は約1.2兆円、2020年は約0.9兆円と、2018年から減少傾向にありましたが、最近の中国を中心とした生産活動の回復により、今後の受注の伸びが予想されています。

45-4　進化し続ける工作機械

　近年、ニーズの多様化により、ますます低コスト・短納期に対応した生産性の向上が求められています。工作機械においても同様で、その機能は進化し続けています。例えば、フライス削りや穴あけ、ねじ切りなどの複数の加工を連続的に自動で行う、自動工具交換装置が付いたマシニングセンタと呼ばれる NC 工作機械があります。このマシニングセンタによって、複雑な加工を一台で対応することができ、業務効率の改善、人件費の削減が見込めます。さらには、これまではそれぞれの加工方法に特化した専用機でしたが、複数機能を有する複合加工機へと変化し始めています。具体的には、マシニングセンタに旋削機能、金属積層造形の機能、摩擦撹拌接合の機能を複合化させた複合機などがあります。

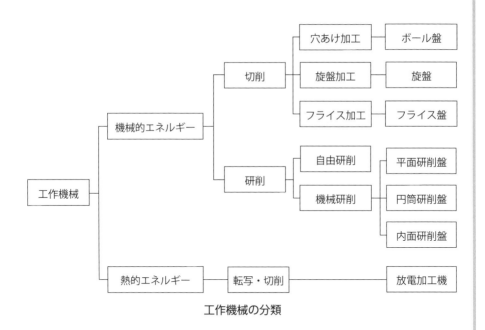

工作機械の分類

Ⓟoint
● 機械を作る機械、マザーマシン
● 工作機械の始まりは、ろくろの原理を利用した旋盤
● 工作機械の受注動向は、経済の先行指標

46 ボール盤

被加工材にドリルを使用して穴あけ加工を行う工作機械

46-1　ボール盤の特徴

　被加工材にドリルと呼ばれる工具を使用して穴あけ加工を行う工作機械のことをボール盤と呼びます。旋盤やフライス盤、マシニングセンターなどの他の工作機械でも、ドリルを使用した穴あけ加工が可能ですが、穴あけ加工に特化した工作機械がボール盤となります。

　ボール盤は、ドリルを使用した穴あけ加工以外に、下穴にめねじを切るタップ立て加工や、穴の内面を精密に仕上げるリーマ加工、中ぐりバイトやボーリングバーによって要求精度の穴に仕上げる中ぐり加工にも用いられます。

　ボール盤の構造は、ベース、コラム、主軸台、主軸、テーブルからなります。被加工材をテーブルに固定し、主軸に工具であるドリルを装着します。回転する主軸はハンドルによって上下に移動できるので、ハンドルで主軸を下げてドリルを被加工材に進入させて、被加工材に穴をあけます。ドリルで穴あけ加工する場合、あらかじめ被加工材の穴あけ加工場所にポンチで打痕をつけるか、センター穴をあけておくと、スムーズに穴あけ加工ができます。

　ボール盤の種類は、作業台上に据付けて使われる卓上ボール盤、床に直接据え付けられる直立ボール盤、主軸頭が可動式のアームに取り付けられたラジアルボール盤、多数の主軸のある多軸ボール盤、主軸頭が多数備えられた多頭ボール盤、などがあります。卓上ボール盤や直立ボール盤は、広く一般的に使用されており、小物部品の穴あけ加工に用いられています。一方、ラジアルボール盤は大型部材の穴あけ加工にそれぞれ使用されます。また、ラジアルボール盤の主軸は前後左右上下に動くため、被加工材を動かす必要がありません。多軸ボール盤の軸数は、2軸から多いものだと30軸以上のボール盤もあります。

　取り付け可能な最大ドリル径はボール盤によって異なり、卓上ボール盤ではドリル径13 mm、直立ボール盤では50 mmの機種が多いようです。

46-2　ドリル

　ボール盤での穴あけ加工に使用する工具をドリルと呼びます。その構造は、

ボール盤の主軸に装着するためのシャンク、らせん状の溝、切れ刃からなります。シャンクの形状によって、ストレート形状のストレートドリルとテーパー形状のテーパードリルの2種類があります。ドリルの材質は、高速度工具鋼や超硬合金が使用されています。

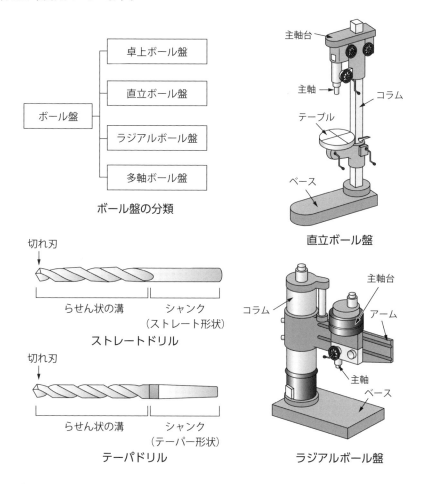

ボール盤の分類

直立ボール盤

ストレートドリル

テーパドリル

ラジアルボール盤

Point
● 穴あけ加工に特化した工作機械
● 卓上ボール盤や直立ボール盤は、広く一般的に使用
● ドリルの構造は、シャンク、らせん状の溝、切れ刃

47 旋盤

円柱や円錐などの丸形状に切削加工を行う工作機械

47-1　旋盤の特徴

　被加工材に回転運動、バイトと呼ばれる工具に直進送り運動をそれぞれ与えて、円柱や円錐などの丸形状に切削加工を行う工作機械のことを旋盤と呼びます。旋盤は、工作機械の中で最も多く使用されています。旋盤で行う具体的な切削加工としては、外周加工、端面加工、穴あけ加工、ねじ加工があります。

　現在使われている旋盤の原型は、1797年にヘンリー・モーズリーが作ったねじ切り盤と言われています。2018年には約21,900台が国内で生産されています。

　旋盤の基本的な構造は、被加工材に回転運動を与える主軸台、バイトを前後左右に移動させる往復台、被加工材を支持する心押し台、主軸台・心押し台・往復台・その他の付属装置を支持するベッドからなります。主軸台に取り付けたチャックで被加工材を固定し、往復台に取り付けた刃物台でバイトを取り付けます。心押し台は、長い被加工材の支えや、被加工材への穴加工の際にドリルを取り付けて使用します。ベッドは、切削加工時に発生する切削抵抗を受けますので、十分な剛性が要求されます。

47-2　旋盤の種類

　旋盤の種類としては、汎用的に使用されている普通旋盤の他に、立て旋盤、タレット旋盤、NC旋盤などがあります。

　立て旋盤は、被加工材を垂直方向に固定して加工を行います。立て旋盤は、上向きの主軸に被加工材を取り付けるので、直径や重量が大きい大型被加工材の加工に使用されます。

　タレット旋盤は、心押し台の代わりに、タレットと呼ばれる旋回式の刃物台がついている旋盤です。タレットに装着させた工具をつけておくことで、タレットを回せば工具交換が可能なので、工具交換の手間が減ります。

　NC旋盤は、あらかじめプログラムした手順通りにバイトを動かして自動的に加工する旋盤です。一旦セットすれば、簡単に同じ製品を作ることができますので、大量生産の現場で活躍する旋盤です。

47-3　バイト

　旋盤で使用する工具をバイトと呼び、回転する被削材にバイトを押し当てて、所定の形状へ削り出しをするために使用される工具です。バイトの構造は、旋盤の刃先台に取り付けるためのシャンク部と刃先からなります。また、バイトはシャンクと刃先の結合方法によって、スローアウェイバイトとろう付けバイトの2種類に分けられます。

　スローアウェイバイトとは、刃先とシャンクが別の部品になっており、刃先とシャンクをねじなどで機械的に結合するバイトのことで、刃先の取り付け・取外しが容易なことが特徴です。ろう付けバイトは、シャンクに刃先をろう付けしたバイトのことで、刃先が摩耗した際は砥石で研ぐ必要があります。

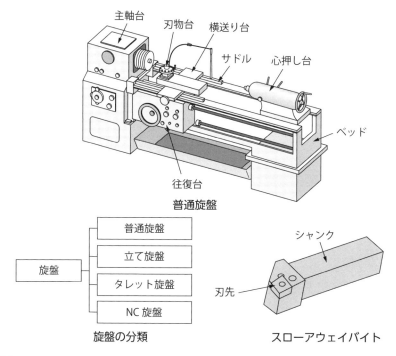

普通旋盤

旋盤の分類

スローアウェイバイト

Ｐoint
- 工作機械の中で最も多く使用されている工作機械
- 外周加工、端面加工、穴あけ加工、ねじ加工
- 旋盤で使用する工具は、スローアウェイバイトとろう付けバイトの2種類

48 フライス盤

角形状に切削加工を行う工作機械

48-1 フライス盤の特徴

　フライスと呼ばれる工具を回転させて、テーブルに固定された被加工材を前後左右上下に動かして角形状に切削加工を行う工作機械のことをフライス盤と呼びます。フライス盤で行う切削加工としては、平面加工、側面加工、溝加工、穴あけ加工、曲面加工です。

　19世紀初めのアメリカで、旋盤の主軸にフライスカッターをつけて部品加工を行ったのがフライス盤の始まりと言われています。

　フライス盤の基本的な構造は、フライス盤本体を支える土台のベース、モーターや送り機構を内蔵したフライス盤を支えるコラム、被加工材を固定するバイスを取り付けるテーブル、テーブルを支えるサドル、テーブルおよびサドルを支えるニー、工具を取り付ける主軸、主軸やモーター、回転速度の変速機を備えている主軸頭からなります。

48-2 フライス盤の種類

　フライス盤は、工具を取り付ける主軸の方向によって2種類に大別されます。具体的には、主軸が地面に対して垂直の立てフライス盤と、地面に対して水平の横型フライス盤です。立てフライス盤は被加工材の平面加工や側面加工、横型フライス盤は溝加工にそれぞれ適しています。

　フライス盤の分類方法として、制御方法によるものもあります。作業者がマニュアルで操作する従来のフライス盤に対して、数値制御による3次元加工を自動で行うことができるNCフライス盤もあります。また、工具を自動交換するATC機能を追加したNCフライス盤をマシニングセンタと呼びます。マシニングセンタは、2018年に約4,000台が国内で生産されています。

48-3 フライス

　フライスとは、複数の切れ刃を持った工具全般のことで、フライス盤で使用する工具のことです。具体的には、エンドミル、正面フライス、平フライスがあります。

　エンドミルは、外周および端面に切刃を持った工具で、側面や溝などの狭い範囲の加工に使用します。形状によって、刃先先端の半径がほぼゼロのスクエアエンドミル、丸みのあるラジアルエンドミル、刃先が半球状のボールエンドミル、側面がテーパー形状のテーパーエンドミルなどがあります。正面フライスは、多数の刃が取り付けられた工具で、高速で回転しながら平行移動して広い平面を平らに削ることができます。平フライスは、ギアのように外周に刃を持った工具で、横型フライスに取り付けて平面を削ることができます。

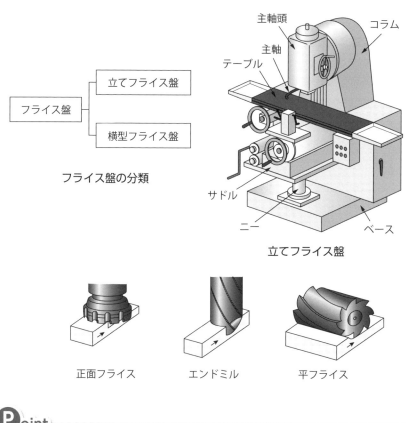

フライス盤の分類

立てフライス盤

正面フライス　　　エンドミル　　　平フライス

Point

● 平面加工、側面加工、溝加工、穴あけ加工、曲面加工
● 主軸が地面に対して垂直の立てフライス盤と、水平の横型フライス盤
● 代表的な工具は、エンドミル、正面フライス、溝フライス、平フライス

49 研削盤

砥粒を固めた砥石で被加工材の表面を微小に削り取る工作機械

49-1 研削盤の特徴

　砥粒を固めた砥石で被加工材の表面を微小に削り取る研削加工に使用する工作機械のことを研削盤と呼びます。一般的に、研削盤による加工は、旋盤加工やフライス加工後に、所要の寸法や形状への仕上げとして行われます。旋盤の原型がイギリスで発明されてから約50年後の1846年に、アメリカで砥石車を旋盤に取付けたものが市場に出されました。これが最初の研削盤と言われています。2018年には約5,500台の研削盤が国内で生産されています。

　研削盤で行う研削加工としては、平面を研削する平面加工、回転する砥石で円筒素材の外周を研削する円筒加工、回転する砥石で円筒素材の内側を研削する内面加工の3つです。

　研削盤の中で最もよく使用されている横軸平面研削盤の構造は、研削盤本体を支える土台のベッド、モーターや送り機構を内蔵した研削盤を支えるコラム、被加工材を固定するテーブル、テーブルを支えるサドル、砥石頭からなります。

49-2 研削盤の種類

　研削盤は、被加工材の形状や研削位置によって、平面を研削する際は平面研削盤、円筒外側を研削する際は円筒研削盤、円筒内側を研削する際は内面研削盤の3種類に大別されます。

　平面研削盤は、砥石の円周面で研削する横軸平面研削盤と、砥石の平面部で研削する立て軸平面研削盤があります。横軸平面研削盤は、被加工材が前後・左右に移動、砥石が回転・上下に移動して被加工材の表面を研削します。

　円筒研削盤は、保持した被加工材を回転させて、砥石も回転させながら当てて研削します。円筒研削盤の構造は、旋盤に似通っています。

　内面研削盤には、リング状の被加工材の内面を研削する研削盤で、被加工材と砥石の両方を回転する普通型と、固定した被加工材の内面を砥石が回転しながら公転するプラネタリ型があります。

49-3　研削砥石

　研削盤での研削加工に使用する工具を研削砥石と呼びます。研削砥石は、砥粒、結合剤、気孔から構成されており、例えると、煎った米や粟などの穀物を飴で固めた和菓子のおこしのような構造です。結合剤でしっかりと固めた砥粒で被加工材を削って、気孔で削り屑を排除しています。研削砥石は、砥粒の粒度、結合度、組織によって種類が分かれており、被加工材の材質と目的に応じて適切な研削砥石が選定されます。

　一般的な研削砥石は、研削砥石の外周から内部まで同じ構造であるのに対して、台金の円周の外周部分だけに薄い砥粒層を持つ研削砥石を超砥粒ホイールと呼びます。

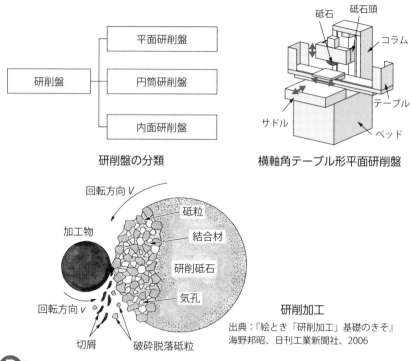

研削盤の分類

横軸角テーブル形平面研削盤

研削加工

出典：『絵とき「研削加工」基礎のきそ』
海野邦昭、日刊工業新聞社、2006

Point
- 旋盤加工やフライス加工後の仕上げ
- 平面研削盤の平面加工、円筒研削盤の円筒加工、内面研削盤の内面加工
- 砥粒、結合剤、気孔から構成される研削砥石

50 放電加工機

アーク放電の熱的エネルギーで被加工材を溶解させて加工する
工作機械

50-1　放電加工機の特徴

　被加工材と電極との間に約60〜300 V程度のパルス電圧を印加して、アーク放電を繰り返し発生させて、その熱的エネルギーで被加工材を溶解させる加工法を放電加工と言います。そしてその加工で使用する工作機械のことを放電加工機と呼びます。放電加工は、通電する材料であれば加工することが可能なので、超硬合金などの切削加工がしにくい金属材料の加工に適しています。2018年には約3,200台の放電加工機が国内で生産されています。

　放電加工機で行う放電加工は、形彫放電加工とワイヤ放電加工の2つがあります。形彫放電加工は、被加工材に加工したい形状を反転させた電極を工具として使用し、電極と被加工材との間にアーク放電を発生させて、被加工材に電極形状を転写させる加工方法です。一方、ワイヤ放電加工は、細い金属ワイヤーを電極として使用し、電極である金属ワイヤーと被加工材との間にアーク放電を発生させて、糸のこぎりのように被加工材を切断する加工方法です。いずれの放電加工においても、絶縁性の高い加工液中で行います。

　放電加工機の構造は、移動テーブル、加工液槽、それらを保持するベッド、電極、電極を保持する加工ヘッド、それらを支えるコラムから構成される放電加工機本体、加工制御装置、加工液を供給・循環させる加工液供給装置から構成されています。

　放電加工機は、形彫放電加工に使用する形彫放電加工機、ワイヤ放電加工に使用するワイヤ放電加工機、細穴放電加工に使用する細穴放電加工機の3種類があります。

50-2　電極材料

　形彫放電加工では被加工材に加工したい形状を反転させたバルク状の電極、ワイヤ放電加工では細い金属ワイヤーを、それぞれ電極に使用します。

　形彫放電加工に使用する電極材料を大別すると、タフピッチ銅と呼ばれる純銅

系、グラファイト系、銅タングステン合金や銀タングステン合金などのタングステン合金系に分けられます。

　一方、ワイヤ放電加工に使用する電極材料を大別すると、20～30％の亜鉛を含有する黄銅系、黄銅線に亜鉛をコーティングした亜鉛コーティング系、ピアノ鋼線に黄銅をコーティングした黄銅コーティング系、タングステンを主成分とするタングステン系に分けられます。

放電加工機の分類

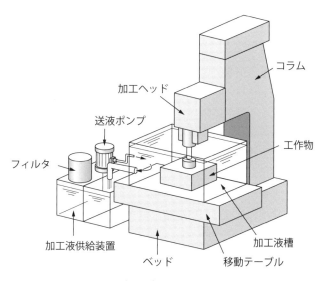

形彫り放電加工機

oint
- ● 超硬合金などの切削加工しにくい金属材料でも加工が可能
- ● 被加工材に加工したい形状を反転させる形彫放電加工
- ● 糸のこぎりのように被加工材を切断するワイヤ放電加工

51 溶接機

金属材料に熱的エネルギーを与えて接合する機械

51-1 溶接機の特徴

　金属材料に熱的エネルギーを与えて、加熱・溶解させた後に冷却し、溶解部分が凝固することにより接合、すなわち溶接の際に使用する機械を溶接機と呼びます。主な溶接に使用する熱源は、ガスと電気に大別できます。ガスを熱源に使用する溶接をガス溶接と呼び、使用する機械はガス溶接機です。一方、電気を熱源に使用する溶接はアーク溶接と抵抗溶接に分けられます。前者のアーク溶接にはアーク溶接機、後者の抵抗溶接には抵抗溶接機が使用されます。

　ガス溶接機の構成は、熱源となるプロパンガスやアセチレンガスなどの可燃性ガスボンベおよび酸素ボンベ、アセチレンガスと酸素を混合して先端の火口にて吹き出し燃焼させるガス溶接トーチ、ガスボンベとガス溶接トーチを繋ぐホースからなります。ガス溶接は、溶接時に火花が発生しないので溶接部を確認しやすいのが特徴です。また、ガス溶接機は、熱エネルギーで金属を溶解させて切断する溶断にも使用することができます。

　アーク溶接は、電極棒と被加工材の間が電離状態となり発生するアーク放電による熱により金属を接合する方法です。最も一般的なアーク溶接は、被加工材と同じ材質の心材に被覆剤をコーティングした溶接棒を使用する被覆アーク溶接です。被覆アーク溶接機の構成は、溶接機本体と本体から延びるトーチケーブルおよび被加工材ケーブルからなります。被加工材ケーブルを被加工材に取り付けて、トーチケーブルの先端に溶接棒を取り付けて、溶接棒と被加工材の間でアークを発生させます。一方、被覆アーク溶接に対して、ガスシールドアーク溶接があります。溶接する部分をアルゴンガスやヘリウムガスなどで酸化しないように保護しながら溶接を行う方法で、タングステンを電極としたTIG溶接や、被加工材と同質の電極を使用したMIG溶接があります。アーク溶接は、ガス溶接よりも高速での溶接が可能で、局部溶接にも適しています。

　抵抗溶接は、金属材料に電気を流した際に発生する抵抗による熱を利用した溶接です。具体的には、重ねた板材を電極で挟んで電気を流して溶接するスポット

溶接、板や棒・線などの端部を突き合わせて電気を流して溶接するバット溶接などがあります。抵抗溶接は、溶接棒が不要で、溶接作業が比較的容易なことが特徴です。

51-2　溶接棒

被覆アーク溶接で用いる溶接棒の選定ポイントとして、溶接棒の種類は溶接する金属材料、太さは溶接機の能力と溶接する金属材料の厚さがあります。

溶接棒にコーティングされている被覆剤は、ガス発生剤や脱酸剤、合金添加剤、アーク安定剤の機能を有する原料が適正な比率で配合されています。被覆アーク溶接棒は、被覆剤の種類によってイルミナイト系、高酸化チタン系、ライムチタニヤ系、低水素系などがあります。このうちイルミナイト系は、国内の被覆アーク溶接棒としては最も歴史が古く、多く使用されてきました。

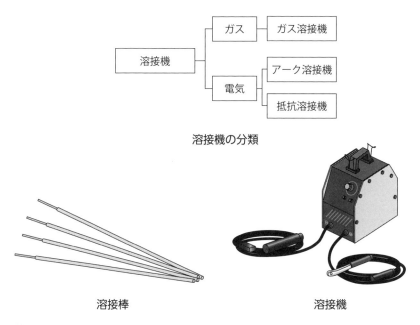

溶接機の分類

溶接棒　　　　　　　　　　　　　溶接機

Point

● ガスを熱源に使用するガス溶接機
● アーク放電による熱により金属を接合するアーク溶接
● 電気を流した際に発生する抵抗による熱を利用した抵抗溶接機

Column 11

～工作機械の受注動向は経済の先行指標～

「切削、研削、せん断、鍛造、圧延等により金属、木材、その他の材料を有用な形にする機械」のことを工作機械と広義に定義されています。日本産業規格（抜粋）では、工作機械を「主として金属の工作物を、切削、研削などによって、又は電気、その他のエネルギーを利用して不要な部分を取り除き、所要の形状に作り上げる機械」と定義しており、工作機械は、機械を作る機械であることからマザーマシンとも呼ばれています。

このような工作機械の受注金額統計は、決して派手な経済指標ではなく、一般消費者とは縁遠い数値ですが、代表的な景気の先行指標と位置付けられています。その理由は、工作機械の受注金額統計が、景気の波を作り出す企業の設備投資の動きを反映するためです。

Column 12

～伝統工芸技術を活かしたキャラクター銅像～

富山県高岡市は、1611年に7人の鋳物師から始まった銅器産地として約400年余りの歴史を有する国内では数少ない地域の1つで、現在まで、その鋳物技術が継承されています。

最近、自治体や商店街が、町おこし活動の1つとして、その地域に関係のあるキャラクター銅像を設置することがブームとなっているようです。これらのキャラクター銅像は、いずれも富山県高岡市の鋳物メーカーで製造されており、高岡銅器の技術を活かした街角モニュメントになっています。今から約400年以上前に始まった高岡の伝統工芸技術は、自治体や商店街による町おこし活動にキャラクター銅像として貢献しています。

第7章

金属加工を
下支えする
測定・評価技術

52　測定・評価技術

測定と評価は物づくりの原点

52-1　物づくりの数値化

　品質（Quality）、コスト（Cost）、納期（Delivery）は、物づくりで重視する3要素で、それぞれの頭文字をつなげたQCDと呼ばれていることを第1章で解説しました。この3要素の中で品質（Quality）においては、図面に指示された寸法通りに仕上げることが必要となります。金属加工後の1次加工品や2次加工後の金属製品が図面の指示通りの寸法に仕上がっているかどうか、さらには求められる特性を有しているかなど、状態の良し悪しを判断するには対象物を数値化することが必要です。また、同じ条件で再現良く金属加工を行うには、金属加工条件を数値でとらえることも必要です。

52-2　暗黙知の数値化

　日本の物づくりは、「巧の技」と呼ばれるように、その道を極めた熟練者の技術と経験に支えられてきたと言えます。金属加工も同様で、例えば、熟練者による熱間加工の微妙な加熱温度の判断や、金属製品の最終仕上げである手磨きは、自動化が難しいといった話を聞いたことがあります。

　これまでの製造現場では、いわゆるOJTと呼ばれる実際の仕事を通じた指導で知識や技術を身に付けさせる教育を中心に進めてきました。その一方で、製造業においては深刻な人手不足の状況となっており、熟練者の技術と経験を伝承する上で、後継者不足が課題となっています。そのためには、今後、熟練者の暗黙知を数値でとらえる、いわゆる形式知へとすることがさらに必要になってきています。

52-3　測定・評価技術

　物づくりの数値化や暗黙知の数値化を行うには、対象を測定して評価する技術が必要になります。具体的には、例えば、溶解や熱処理であれば想定通りの温度に昇温されているか、プレス加工であれば使用する金型寸法が図面通りに仕上がっているか、仕上がった金属製品が図面通りの寸法、表面粗さとなっているか、表面処理であれば目的とする皮膜厚さが生成しているか、色調が得られてい

るか、といったようにです。そのためには、それぞれ温度、寸法、表面粗さ、色調を測定して評価する技術が対象になります。また、金属加工後の1次加工品や2次加工後の金属製品が、求められる機械的特性を担保しているかを調べるには、それぞれの要件に対応した材料試験による検証が必要となります。

　以上のように、金属加工は、さまざまな測定・評価技術によって下支えられていると言えます。

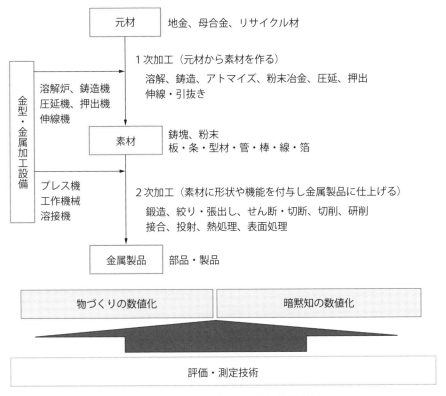

金属加工における測定・評価の位置付け

oint
● 対象物を数値化して状態の良し悪しを判断
● 熟練者の暗黙知を数値でとらえる
● 対象を測定して評価する技術で数値化

温度測定

金属加工時の温度を測定し管理する

53-1 熱が関与する金属加工

　金属材料に熱的エネルギーを与えて加工する金属加工として、固体から液体への状態を変化させる溶解や、金属材料同士を加熱し溶解させた後に冷却して凝固することにより接合する溶接、金属材料を加熱・冷却して金属材料の機械的性質をはじめとする諸性質を改善させる熱処理などがあります。

　一方、金属材料は、熱を加えなくても塑性変形させるだけで熱が発生します。これは、塑性変形によって外部より加えられた機械的エネルギーが熱に変換されることが原因で、加工発熱と呼ばれています。金属材料を曲げると、曲げた部分が熱くなっていることを経験された方も少なくないと思います。例えば、切削工具で工作物の表面を切削する際の温度は約600～1,000℃にも達すると言われています。

　このように、金属材料に熱的エネルギーを与える金属加工に限らず、機械的エネルギーを与える金属加工においても熱が関与します。熱が関与する金属加工において、加工条件の探索や不具合の発生時、日々の作業手順などの観点で、温度を測定し管理することが重要となります。温度測定の代表的な温度計として、熱電温度計および放射温度計が挙げられます。

53-2 温度測定法の分類と種類

　温度計を分類すると、接触式と非接触式に大別されます。さらに、接触式は膨張・圧力式と電気式に分けられます。

　接触式の温度計は、物体の熱が他に伝わる性質を利用しています。接触式で電気式な温度計の中で用いられる温度計として、熱電温度計が挙げられます。異なる材質の2本の金属線を接続して、両接点に温度差を与えると両接点間に熱起電力が発生します。この原理は、1821年にトーマス・ゼーベックによって発見されたことから、ゼーベック効果と呼びます。この熱起電力を利用した温度計を熱電温度計、異なる材質の2本の金属線からなる部分を熱電対と呼びます。熱電温度計は、測定可能な温度範囲によって数種類あり、日本産業規格にて定められて

います。熱電温度計は、約-200℃～1,700℃までの広範囲な温度測定が可能なので、さまざまな分野で工業的に広く用いられています。

　非接触式の代表的な温度計としては、放射温度計が挙げられます。接触方式が、物体の熱が他に伝わる性質を利用しているのに対して、非接触式である放射温度計は、物体から放出される赤外線の量で温度を測定します。放射温度計は、非接触式のため、移動や回転する物体の温度測定に適しています。その一方で、物体に合わせて放射率の設定が必要な点がデメリットです。

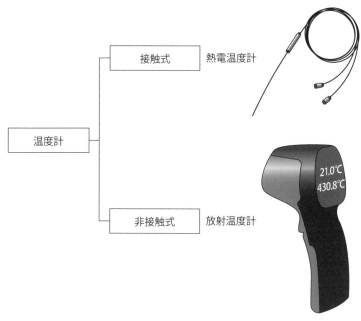

温度計の分類

oint

● 温度計は、接触式と非接触式に大別
● 熱電温度計は接触式で、さまざまな分野で工業的に広く用いられている
● 放射温度計は、物体から放出される赤外線の量で温度を測定

54 寸法測定

金属加工時の寸法を測定し管理する

54-1　物づくりにおける寸法測定

　古代の人類では、物のやり取りなどの日々の交流を通じて、さまざまな共通する尺度が必要となったようです。物の寸法である「長さ」もその1つです。当時、長さの共通の尺度が必要となった際、その単位として人体寸法が基準として誕生したと言われています。例えば、古代メソポタミアやエジプトでは、指先から腕のひじまでを1キュビットという単位で表していたようです。現代の日本では、寸法の単位はセンチメートル（cm）やミリメートル（mm）などのメートル法が用いられています。

　金属材料に形状や機能を付与して金属製品へと仕上げる金属加工においては、想定通りに仕上がったかの確認の1つとして、寸法測定があります。その他に、金属加工前の被加工材の取付け状態の確認、金属加工条件の探索、不具合発生の要因分析など、物づくりにおけるさまざまな場面でも寸法測定が実施されます。

　寸法測定に使用する寸法測定器を分類すると、直接測定と間接測定の2つに大別されます。直接測定は、測定物の長さなどを直接読み取る方法で、測定器具としてはノギス、マイクロメーターなどがあります。一方、間接測定は、測定物とブロックゲージやすきまゲージなどとの寸法差を測定する方法です。

54-2　寸法測定器

　ノギスは、測定物を2本の爪に挟んで、0.05 mm単位で外径、内径、深さを測定することが可能で、現場でよく使われている代表的な測定工具の1つです。ノギスは、アナログ式とデジタル式のものがあり、アナログ式は0.05 mm単位、デジタル式は0.01 mm単位の精度まで計測できます。

　マイクロメーターは、ねじ式の回転機構を回転させながらワークをはさみ込んで、0.01 mm単位で測定可能です。マイクロメーターの構造上、測定範囲が25 mmと限られるので、測定物によってはそれぞれに対応したマイクロメータを用意する必要があります。

　1896年にヨハンソンによって発明されたブロックゲージは、高精度で平面化・

平坦化された寸法に精密に仕上げられた直方体系の測定工具です。その平行度は高いので、異なるサイズのブロックを組み合わせた寸法測定も可能です。

　すきまゲージは、すき間の寸法を測定する工具で、薄い金属板からなる寸法測定器で、シックネスゲージとも呼ばれます。

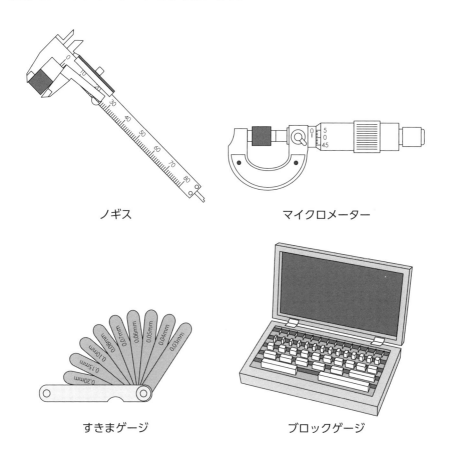

ノギス　　　　　　　　マイクロメーター

すきまゲージ　　　　　　ブロックゲージ

Point

● 寸法測定器は、直接測定と間接測定の2つに大別

● 直接測定は、ノギスとマイクロメーター

● 間接測定は、ブロックゲージやすきまゲージ

55 表面粗さ測定

外観や機能に影響する微細凹凸の数値化

55-1 表面に存在する微細な凹凸

　物の表面には、凹凸が必ず存在します。また、その凹凸の山と谷の高さや間隔はそれぞれ異なります。このような物の表面の微細凹凸のことを表面粗さと呼びます。

　「光沢があって光っている」や「くすんでいる」といった視覚の感覚や、「つるつるしている」や「ざらざらしている」といった手触りの感覚は、この表面粗さに依存しています。このような表面の凹凸や傷などを含めた表面の幾何学的な状態を表面性状、あるいはサーフェーステクスチャーと呼んでいます。金属加工法によっても、表面粗さが異なります。

　表面粗さの違いは、手で触った感覚以外に、光沢などの外観、さらには金属部品の摩耗や焼き付き、接着などの機能にも影響します。例えば、金型表面に凹凸を付与し、その微小凹部に潤滑油が保持されることによって、塑性加工時の潤滑性が向上することが経験的に知られています。ノミ状の工具を使って金属の摺動部表面を仕上げるきさげ加工では、表面の微小な凹部が油だまりとなって、摺動面の潤滑に役立つと言われています。また、接着においては、接着面の表面凹凸が大きいほどアンカー効果によって接着力が増加することも知られています。

55-2 表面粗さの測定方法

　表面粗さの測定は、表面粗さ計で行います。表面粗さ計を大別すると、触針を使用する接触式と、光を使用する非接触式に分類されます。接触式は、ダイヤモンド製触針で表面をなぞって、得られた曲線から表面粗さを求めます。表面の細かい凹凸を断面曲線に正確に反映することができる一方で、触針が表面の凹凸を変形させてしまう恐れがあります。非接触式は、共焦点方式を利用したレーザ顕微鏡や白色干渉方式を利用した白色干渉計があり、表面の凹凸を変形させずに測定することが可能です。ただし、光が届かない、あるいは光が正常に反射しない場合は、正しい表面粗さが得られません。

　表面粗さを示す指標は、平均値を用いた算術平均粗さ、山と谷の和を用いた最

大高さなどがあります。それぞれの指標はRa、Rzとなります。算術平均粗さRa
は、表面粗さ計で測定した凹凸曲線の一部を抜き出して、その区間の凹凸状態を
平均値で表します。最大高さRzは、表面粗さ計で測定した凹凸曲線の一部を抜
き出して、もっとも高い部分の山高さともっとも深い部分の谷深さの和の値で表
します。

　表面粗さの測定は、上述の表面粗さ計による測定の他に、表面粗さ標準片との
視覚や触覚による比較判断もあります。比較用に用いる表面粗さ標準片は、切削
や研削、放電加工、鏡面仕上げなどのさまざまな表面粗さになるように仕上げら
れており、表面粗さの指標と関連付けられています。簡易的な表面粗さを評価す
る方法として活用されています。

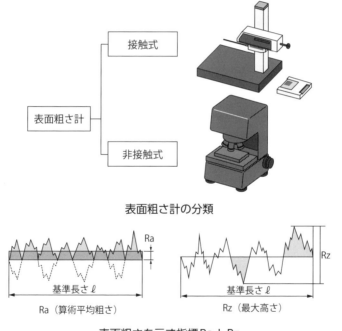

表面粗さ計の分類

Ra（算術平均粗さ）　　　　　Rz（最大高さ）

表面粗さを示す指標RaとRz

Point
● 表面粗さは、感覚や外観、金属部品の機能に影響
● 表面粗さ計は、触針を使用する接触式と、光を使用する非接触式
● 平均値を用いた算術平均粗さと、山と谷の和を用いた最大高さ

56 光沢度・色調測定

光沢と色調を数値化する

56-1　光沢と色調付与による加飾

　金属製品の差別化の1つとして、その表面を美しく飾る加飾が挙げられます。具体的な加飾技術としては、表面に機能を付与する表面処理があります。金属製品の見た目は、その製品から受ける印象に大きく影響することから、近年、差別化の観点からさまざまな表面処理が施されたものを多く見かけます。

　金属は、その他の工業材料である樹脂やセラミックスとは異なる金属特有のつや、いわゆる金属光沢を有しています。また、金属へのさまざまな表面処理を施すことにより、金属光沢を有しながらさまざまな色調を実現させることが可能です。

　金属特有の金属光沢を感じるのは、金属が自由電子で結合していることにより、樹脂やセラミックスなどの他の材料と比べて反射率が高いことによります。また、人が色を感じるのは、光の反射と吸収によるものです。物によって色調が異なるのは、物毎に光の反射と吸収が異なるためです。リンゴが赤色に見えるのは、太陽からの青色や緑色の約400～600 nmの波長の光が吸収されて、赤色の600 nm以上の波長の光が反射し、人の目に入る光が600 nm以上の波長の光となるために、リンゴが赤色に見えるのです。バナナが黄色に見えるのも同様の原理です。一方、太陽からの光をすべて吸収すると、黒色に見えます。

56-2　光沢度測定および色調測定

　加飾された金属製品の光沢と色調を定量的に評価することは、その品質管理を行う上で重要ですが、これまでは、基準サンプルとの比較などの目視検査を中心に進められていることが少なくありません。金属製品の光沢と色調を定量評価する方法として、光沢度測定と色調測定があります。

　光沢度測定は、日本産業規格にて鏡面光沢度−測定方法として定められています（JIS Z 8741：1997）。具体的には、光源から規定された入射角度θで光と試料表面に入射し、反射角度θで反射する光を受光器で測定するという方法です。この原理を用いたハンディータイプの光沢度計もあります。

　色調測定に関しても、日本産業規格にて色の測定方法として定められています（JIS Z 8724：2015）。具体的な測定方法としては、色差計を用いた刺激値直読方法と、分光器を用いた分光測色方法があります。前者の色差計を用いた刺激値直読方法は、人の目と同様に赤、緑、青の三刺激値X、Y、Zをセンサーで測定して数値化する方法です。後者の分光器を用いた分光測色方法は、分光器を用いて光の各波長の反射率を測定し、赤、緑、青の三刺激値X、Y、Zを計算で求める方法です。

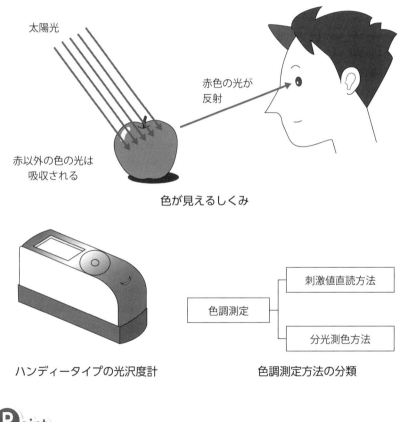

太陽光

赤色の光が
反射

赤以外の色の光は
吸収される

色が見えるしくみ

ハンディータイプの光沢度計

色調測定方法の分類

刺激値直読方法

色調測定

分光測色方法

Point
- 金属光沢を感じるのは、金属が自由電子で結合しているため
- 光沢と色調を定量評価する方法として光沢度測定と色調測定
- 光度計、色差計を用いた刺激値直読方法、分光器を用いた分光測色方法

硬さ試験

金属の硬さを調べる試験

57-1 硬さ試験の特徴

　硬さ試験の歴史は、1812年に鉱物学者のモースによって考案されたモース硬度計に始まります。これは、異種の材料を互いに引っかいて傷が付かないほうが硬いと判断する方法で、硬さを1から10までの段階で表す鉱物の硬さの尺度です。

　硬さ試験を大別すると、押込み硬さ試験法、反発硬さ試験法、引っかき硬さ試験法の3種類に大別されます。押込み硬さ試験法は、試料表面に圧子を押込んだ際の変形抵抗から硬さを求める方法で、ロックウェル硬さ試験、ビッカース硬さ試験、ブリネル硬さ試験、ナノインデンテーション法があります。反発硬さ試験法は、試料表面にハンマーを落下させて、その跳ね返り高さから硬さを求める方法で、ショアー硬さ試験があります。引っかき硬さ試験法は、試料表面を針で引っかいた際の引っかき傷で硬さを求める方法で、マルテンス硬さ試験があります。

57-2 押込み硬さ試験法

　ロックウェル硬さ試験は、Cスケールのダイヤモンド円錐形圧子、Bスケールの鋼球形もしくは超硬球形圧子を表面に基準荷重で押込み、次に試験荷重を加えて、再び基準荷重に戻した際の押込み深さを測定して硬さを求める方法で、得られる硬さはHRC、HRBで表されます。工業分野で最も多く使用されている硬さ試験方法です。

　ビッカース硬さ試験は、ダイヤモンド四角錐圧子を試料表面に押込んだ荷重と圧痕の表面積から硬さを求める方法で、得られる硬さはHVで表されます。経験的な関係ですが、ビッカース硬さHVの3倍の数値が、単位がkgf/mm^2で表わされる最大引張強度に近似できることが知られています。

　ブリネル硬さ試験は、鋼球を試料表面に押込んで、荷重と圧痕の表面積から求められる応力を求める方法で、得られる硬さはHBで表されます。最近の試験方法であるナノインデンテーション法は、押込み荷重をマイクロニュートンで制御

し、圧子の押込み深さをナノメートルの分解能で測定し、試料の極表面の硬さを評価する方法です。

57-3　反発硬さ試験法

　ショアー硬さ試験は、おもりを試験片に落下させて、おもりが跳ね返った高さを硬さとして評価する方法です。弾性変形に対する抵抗の測定のため、その他の硬さ試験法と異なり、製品に傷がつかないことが特徴です。装置が安価で試験方法も簡単です。大きな部品や圧延ロールなどの硬さ試験に使用されています。

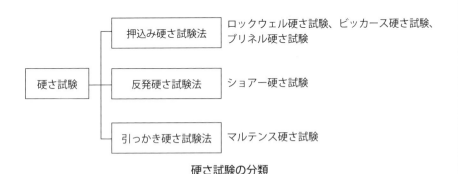

硬さ試験の分類

種類	記号	特徴
ロックウェル硬さ試験	HR	ダイヤモンド製の頂角120°の円錐形圧子を試験片に押しつけ、できたくぼみの深さで硬さを評価する
ビッカース硬さ試験	HV	ダイヤモンド製の四角錐の頂点を試験片に押しつけ、できたくぼみの表面積で硬さを評価する
ブリネル硬さ試験	HB	鋼球圧子を試験片に押しつけ、できたくぼみの表面積で硬さを評価する
ショアー硬さ試験	HS	おもりを試験片に落下させ、おもりが跳ね返った高さで硬さを評価する

硬さ試験の特徴

oint

● 硬さ試験の歴史はモースの硬度計
● 硬さ試験は、押込み、反発、引っかきの3種類
● 押込み荷重をマイクロニュートンで制御したナノインデンテーション法

58 引張試験

引張荷重負荷時の変形挙動を求める試験

58-1 引張試験の特徴

　引張試験は、試験片に引張荷重を負荷した際の変形挙動を求める試験方法で、金属の材料試験で最も一般的です。引張試験に使用する試料は、引張試験片と呼ばれ、その寸法は日本産業規格によって決まっています。

　引張試験は、試験機に所定形状の引張試験片を取付けて、引張荷重を負荷して行われます。試験機の種類は、油圧で試験片に荷重を負荷させるタイプと、モーターで歯車を回転させて試験片に荷重を負荷するタイプの2つがあり、前者は大きな荷重をかけることが可能であり、後者は試験速度を制御するのに優れています。使用する標準的な試験機は、治具を変更すれば、引張試験以外に、圧縮試験や曲げ試験も行うことができるので、万能試験機とも呼ばれます。

58-2 引張試験の基本データ

　引張試験で得られる基本となるデータは、引張試験片を引張始めてから切断するまでの荷重−変位曲線が得られます。試験片を変形させていくと変形に伴って荷重が直線的に増加していきます。その後、直線から外れて曲線を描き始めて、上に凸の曲線を描いた後に試験片が破断します。この荷重−変位曲線において、変形に伴って荷重が直線的に増加していく領域を弾性域と呼び、この領域であれば荷重を除けば元の形状に戻る弾性変形の領域です。さらに変形させると直線から外れ始めます。この領域になると荷重を除いても元の形状に戻らない塑性変形が開始します。さらに試験片を変形させると、塑性変形しながら金属は加工硬化により強さが増加し、最大の荷重を示した後に、荷重が減少し始めて破断に至ります。弾性変形から塑性変形に変わる時点を降伏点と呼びます。

　金属の変形挙動を比較する場合、引張試験片の断面積の大小や、長さが影響してしまいます。そこで、金属の変形のし易さは、変形に必要な荷重を金属の断面積で割った応力と、単位長さ当たりの伸びである歪で比較します。弾性変形から塑性変形に変わる時点の強度を降伏応力、もしくは0.2％の塑性歪時の応力である0.2％耐力、最大の応力を示した部分を最大引張強度と呼びます。応力−歪曲

線から求められる、降伏応力、もしくは0.2％耐力、最大引張強度は、製品設計を行う上での基本となる金属材料の特性値となります。

58-3　引張試験後試験片の観察

　引張試験後のもう1つの重要なデータとして、引張試験後の試験片があります。試験後の試験片表面や、破断した部分を観察することによってさまざまな情報が得られます。例えば、破断した部分の近傍には大きな歪によって変形していますので、試験前には観察できない内在していた欠陥が浮き出している場合もあります。また、破断面を電子顕微鏡で観察すると、延性的な破壊か脆性的な破壊かの区別も可能です。

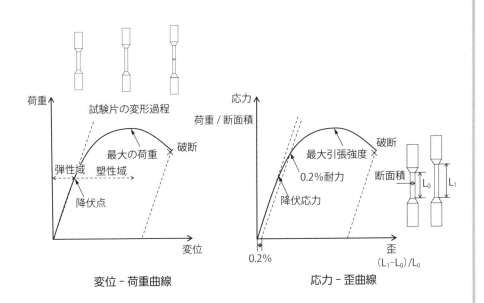

変位‐荷重曲線

応力‐歪曲線

Point
- 金属の材料試験で最も一般的
- 基本となるデータは荷重‐変位曲線
- 弾性域と塑性域

疲労試験

金属の疲労特性を調べる試験

59-1　大きな事故にも繋がる疲労破壊

　1回の負荷では破壊しない荷重であっても繰り返して負荷されると、微小な亀裂が発生し、この亀裂が成長して破壊してしまう場合があります。これを疲労破壊と呼びます。金属製品や金属部品の金属疲労の進行を把握することが難しいため、疲労破壊が突然発生して大きな事故になることも少なくありません。

　金属疲労が原因の事故は、古くは1954年の世界初のジェット旅客機コメットの窓コーナー部からの疲労破壊による空中分解や、1985年の日航ジャンボ機の後部圧力隔壁の破壊、1995年の高速増殖炉もんじゅ配管の温度計さや管の破壊など、これまでに数多く発生しています。金属疲労は日常生活でも目にすることができ、キーホルダーやバッグの金具などが突然壊れてしまうのも、開け閉めの際の繰り返し荷重による金属疲労が原因の場合が少なくありません。また、腐食作用と繰返し荷重が同時に発生することで、単なる繰返し荷重のみが作用した場合よりも顕著な強度低下が発生してしまう腐食疲労が問題となる場合もあります。

59-2　疲労試験の特徴

　このような金属材料の疲労特性を調べる試験として、疲労試験が行われます。疲労試験は、試験片に指定の平均荷重を中心に上下交互に荷重をかけ、疲労寿命と呼ばれる破壊が引き起こる繰返し荷重回数を求める方法です。疲労試験で負荷される荷重は、軸荷重、回転曲げや平面曲げなどの曲げ荷重、ねじり荷重など、さまざまなものがあります。

　疲労試験によって、繰返し応力の大きさと、試験片が破壊するのに必要な繰返し回数をプロットしたS-N線図が得られます。鉄鋼では、負荷を繰り返しても疲労破壊が発生しない疲労限が存在しますが、非鉄金属において疲労限は存在しないと言われています。

　健全に使用していた機械や構造物が、ある日突然、疲労破壊を起こさないためにも部材に使用する金属材料の疲労特性を考慮した金属製品の設計が重要です。

59-3 疲労データベース

　金属材料の疲労特性を考慮した金属製品の設計を行う上では、各種の金属材料の疲労特性に関する技術情報です。このような疲労強度に関しては、国立研究開発法人物質・材料研究機構によるデータベースがインターネットで公開されています。また、（公社）日本材料学会からもデータ集として各種金属材料の疲労特性について提供されています。

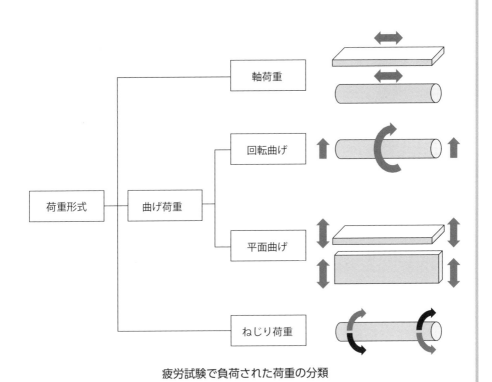

疲労試験で負荷された荷重の分類

 Point
- 低荷重でも繰り返して負荷されると破壊
- 金属疲労が原因の事故はこれまでに多く発生
- 繰返し応力と破壊に必要な繰返し回数

摩擦・摩耗試験

摩擦運動部分の挙動を把握する試験

60-1　摩擦・摩耗試験の特徴

　私たちの身の周りにあるさまざまな機械には、2つの部品が互いに接触し相対的に運動する部分が存在しています。例えば、現代社会で活躍する自動車は、摩擦に関係する部分がたくさんあります。動力に必要なエンジンや電気自動車のモーター、トランスミッションにおいては、いかに摩擦を小さく伝えるかが重要です。一方、自動車を止めるためのブレーキは摩擦を利用して減速するための装置ですので、減速する際は摩擦が大きい必要があります。

　このような2つの部品が相対運動する場合、部品同士の摩擦によって接触面の損傷や固体からの粉末の脱落が発生する、いわゆる摩耗が発生する場合があります。摩耗を大別すると、表面突起同士の接触部がくっついて切り取られる凝着摩耗、摩擦面間に介在する異物により表面が削り取られるアブレッシブ摩耗、荷重や摩擦力が繰り返し作用することによる疲労破壊に基づく疲労摩耗、環境中の腐食物質や潤滑剤中の化学活性物質と反応して脆弱な物質を生成し、これが相手材からの作用力によって脱落して進行する腐食摩耗、にそれぞれ分類されます。

　これらの摩耗を抑制するためには、摩擦・摩耗試験によって摩擦運動部分の挙動を把握することが重要になります。なお、相対運動しながら互いに影響を及ぼし合う2つの表面の間に発生するすべての現象を対象とする科学と技術のことをトライボロジーと呼びます。トライボロジーは、ギリシャ語で「擦る」の意味の「Toribos」にちなんで名づけられました。

60-2　摩擦・摩耗試験方法

　摩擦・摩耗試験の具体的な方法は、ピン・オン・ディスク試験やスラストシリンダ摩耗試験、ブロック・オン・リング試験などがあります。摩擦・摩耗試験の目的を大別すると、摩擦・摩耗メカニズムの解明、摺動材料や潤滑剤の評価、実機での摩擦・摩耗の再現、となります。摩擦・摩耗試験で明らかとなった結果を間違って解釈して利用するケースも少なくありません。摩擦・摩耗試験の目的と意義を理解した上で、試験方法や試験装置を選択することが重要です。

　また、摩擦・摩耗現象の解明には、接触面の塑性変形や温度上昇、相手材との反応などの微小領域の現象把握が重要になります。このような現象把握には、目覚ましく進化する解析技術や分析技術の活用が有効です。

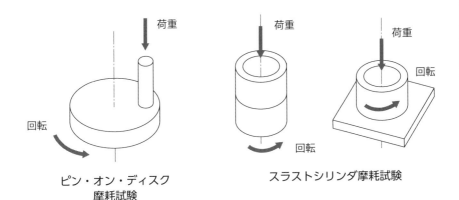

ピン・オン・ディスク
摩耗試験

スラストシリンダ摩耗試験

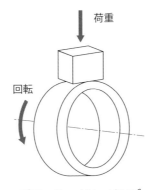

ブロック・オン・リング
摩耗試験

Ⓟoint

- 摩耗は摩擦による接触面損傷や粉末の脱落
- 目的に応じた試験方法・装置の選択
- 微小領域の現象把握が重要

61 顕微鏡観察

現物を観察して現象を捉える

61-1 三現主義

物づくりにおいて、問題が発生したら直ちに現場に行って、現物を見て、現象を確認して対応するといった「三現主義」という言葉があります。最近は、「三現主義」に原理と原則を加えた「五現主義」という言葉もあるようです。

物づくりを行う上での課題発生時や品質管理を行う場合、最初に現物を目でしっかりと観察し、現象を捉えることが重要になります。例えば、穴あけ加工に使用したドリルの切れ味が悪くなった場合のドリル刃先破損状態や、プレス加工後の金属製品の寸法が出なくなった場合の金型の摩耗状況、金属加工時に発生した傷や打痕など、実際に現物をまず確認することが必要です。そのうえで、目で確認した現象をさまざまな機器を用いながら数値化して、要因を絞り込んで対策するといった順となります。

61-2 顕微鏡の種類

人が肉眼で見ることができる限界は約0.1〜0.2 mmと言われています。それより小さい微小部分を観察する場合には、対象物を拡大して観察する必要があります。その際に用いるのが拡大鏡や顕微鏡です。

最も一般的な拡大鏡は、虫眼鏡やルーペです。コンパクトで使いやすく、安価である一方で、拡大倍率は数倍レベルとなります。

さらに拡大して観察する場合に用いるのが顕微鏡です。倍率は数十〜1,500倍になります。一般的な顕微鏡は光学顕微鏡です。対象物に可視光を当てて対物レンズと接眼レンズの2つのレンズを用いて拡大して観察します。光学顕微鏡にはさまざまな種類がありますが、立体物を低倍率で手軽に観察できる顕微鏡である双眼実体顕微鏡が一般的です。最近では、デジタルカメラを使用し、接眼レンズを使用せずに、拡大した対象物をモニターで見ることができるデジタルマイクロスコープもあります。接眼レンズを覗いて観察する従来の顕微鏡とは異なり、複数の人が同時にモニターで観察できるといったメリットがあり、さまざまな製造現場で採用されているようです。

　金属組織を観察する金属顕微鏡もあります。金属顕微鏡で金属組織を観察する際は、金属表面を研磨し、腐食させて金属組織が見やすいように試料調整を行う必要があります。

　さらに高倍率で対象物を観察する際には、電子顕微鏡が用いられます。電子線を対象物に当てて拡大する顕微鏡で、その倍率は約2,000倍～100万倍になります。電子顕微鏡は非常に高価な顕微鏡ですので、大学などの研究機関で使用されています。

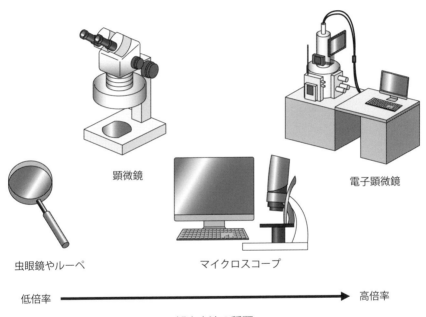

顕微鏡

電子顕微鏡

虫眼鏡やルーペ

マイクロスコープ

低倍率　——————————————→　高倍率

観察方法の種類

oint

● 一般的な拡大鏡は、虫眼鏡やルーペ
● 一般的な顕微鏡は光学顕微鏡
● 高倍率で対象物を観察する際には、電子顕微鏡

Column 13

〜鋳物用合金と展伸用合金〜

　鋳込んだ鋳塊が金属製品となる鋳物は、一部で熱処理が施されることもありますが、凝固後、そのまま使用される場合がほとんどです。そのため、鋳物に使用される金属材料は、凝固したままで強度が担保されているものが用いられています。具体的には、鋳物用鉄鋼材料には2.14〜6.67%の炭素と1〜3%のケイ素を含有する鋳鉄、鋳物用アルミニウム合金には10%以上のケイ素を含有するAl-Si系合金、鋳物用銅合金は40%までの亜鉛を含有する黄銅や10%までに錫を含有する青銅など、凝固後に高い強度が得られる金属材料が鋳物用にそれぞれ用いられています。

　このような凝固のままで使用する鋳物用合金に対して、凝固後に塑性加工を施す金属材料を展伸用合金と呼びます。展伸用合金は、優れた塑性加工性が求められるため、一般的には鋳物用合金より不純物元素の規格範囲が厳しく規定されています。

Column 14

〜圧延加工された身近な金属製品〜

　アルミニウムクッキングホイルは、自由に形状を変えることができるので、魚のホイル焼きやお弁当のおにぎりなどを包む際に欠かせない身近な金属製品の1つとなっています。

　アルミニウムクッキングホイルが日本で生まれたのは今から約60年前の1950年で、その厚さは約0.01mmとかなり薄く、髪の毛の太さの約8分の1の厚さです。このアルミニウムクッキングホイルの薄さは、高度な圧延加工技術で実現されています。ちなみに、アルミニウムクッキングホイルの裏と表をよく見ると表裏で光沢が違うことに気付くと思いますが、これは約0.01mmという薄さを実現させるために、圧延時に2枚を重ねて圧延しており、光っている方がロールに接した面で、くすんだ色をした方がアルミニウムクッキングホイルの重なった面となります。

第8章

金属加工の
これから

62 積層造形

CADデータを元に金型を使用せずに立体形状を製造する技術

62-1 積層造形の特徴

　積層造形は、CADデータを元に金型を使用せずに立体形状を製造する技術で、3Dプリンター、Additive Manufacturingとも呼ばれています。日本では、3Dプリンターと表現される場合が多いですが、国際的な正式名称としてAdditive Manufacturing、あるいは頭文字からAMと表現されています。積層造形は、1980年代に小玉秀男が樹脂材料を3次元に積層して造形する技術を考案したことが始まりと言われています。積層造形は、金型を使用しないことから多品種少量生産への対応や、従来までの金属加工プロセスでは実現不可能、もしくは難易度の高い複雑形状や中空形状を1工程で一発造形することが可能です。

62-2 積層造形の種類

　積層造形の分類はさまざまあり、代表的なものはシート積層法、液槽光重合法、材料押出法、結合剤噴射法、材料噴射法、粉末床溶融結合法、指向性エネルギー堆積法の7種類があります。この中で、金属材料の積層造形方法としては、粉末床溶融結合法と指向性エネルギー堆積法が一般的です。粉末床溶融結合法は、金属粉末を敷き詰めて、熱源となるレーザや電子ビームで造形部分を溶融・凝固させる方法で、この繰り返しで造形物を作成します。造形終了後に、固化していない粉末を取り除く必要があります。

　指向性エネルギー堆積法は、指向エネルギーの高いレーザや電子ビームで、金属粉末やワイヤー状の金属を溶融・凝固させて造形物を作成します。金属粉末やワイヤー状の金属は必要量だけで、また造形速度も速いので、大形造形物に適しています。

　金属材料の積層造形の具体的な適用例には、航空機部品や自動車部品、金型などが挙げられます。また、試作部品や治具などの作製にも適用されています。例えば、従来の金属加工では困難であった水冷配管構造を有する金型作製も可能なため、冷却時間短縮が見込んだ樹脂成形金型への適用も進められています。また金型製作においては、積層造形と切削加工を組み合わせた複合加工機も開発され

ています。

　現時点では、使用する金属粉末の制約やそのコスト、造形時間、造形物の品質などの課題もあり、現時点では従来までの金属加工プロセスに置き換わるほどの本格的な導入はあまり進んでいないようです。しかし、金属材料の積層造形装置の出荷台数は、2013年から2017年において着実に増加していることから、積層造形は、今後の新たな金属加工プロセスとして間違いなく期待されています。

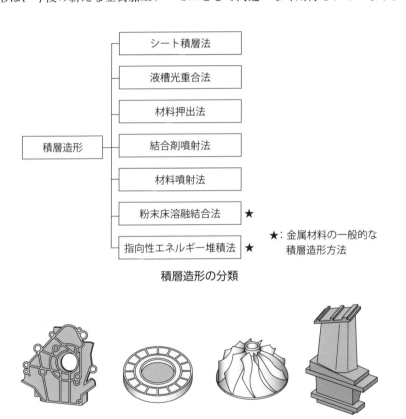

積層造形の分類

金属材料の積層造形適用例

oint

● 難易度の高い複雑形状や中空形状を１工程で一発成形

● 金属材料の積層造形方法は、粉末床溶融結合法と指向性エネルギー堆積法

● 今後の新たな金属加工プロセスとして期待

63 金属加工におけるIoT

IoTで数値化・収集・一元管理、そして活用

63-1 物づくりにおけるIoT

　近年、さまざまな分野でIoTという言葉が聞かれます。IoTとは、Internet of Thingsの頭文字をとった言葉で、さまざまな物をインターネットで繋げて活用することを意味しています。スマートフォンで部屋の照明調整や玄関の鍵開閉、スマートスピーカーに声をかけると音楽が鳴りだすなど、IoT技術は私たちの生活を便利にさせる身近な存在となっています。

　物づくりにおいても、IoTは重要な技術となります。例えば、金属加工における温度や圧力などの製造条件を各種のセンサでデータ収集し、そのデータを一元管理すれば、金属加工の状態や金属加工設備を見える化することができます。それにより、金属加工設備の故障の未然防止、いわゆる予知保全が可能となります。万が一、異常が発生した際にアラートを発生させることも可能です。さらには、IoT技術による予知保全を発展させることにより、止まらない金属加工プロセスの実現にも繋がっていきます。

63-2 IoT技術のポイント

　金属加工におけるIoT技術において最も重要なことは、金属加工条件を各種センサにてインラインで数値化させることです。最近、温度や圧力、変位、加工精度などを測定できる各種センサの進化が目覚ましく、一昔前では考えられないほど安価で高精度なものが数多く販売されています。また、センサメーカーは、センサ単体の販売に留まらず、そのセンサを用いた管理システムも提供している場合が多いようです。例えば、切削加工であれば、被加工物の位置、加工速度、切削加工油の量や温度などを各種センサで数値化させることが可能です。

　金属加工におけるIoT技術で次に重要なことは、これらの各種センサで得られた数値を収集し、一元管理、モニターで可視化させることです。その結果、現在の金属加工の状態を関係者が常に確認できるようになります。また、電子データによる管理なので、これまでの紙による管理からペーパーレス化も可能になります。

　最後に、IoT技術で数値化し収集したデータの活用があります。データは活用してこそ意味があります。とかくデータ収集が目的となりがちですが、現状の金属加工における生産性や歩留まりの向上といった課題解決に向けて、収集したデータを活用してこそ、その効果が発揮されます。

　IoT技術導入における課題もあります。具体的には、既存システムとの連携や、初期導入によるコスト発生などがあります。解決すべき課題を明確にし、費用対効果を考慮してIoT技術を導入・展開し、いかに有効に活用していくかが今後の課題のようです。

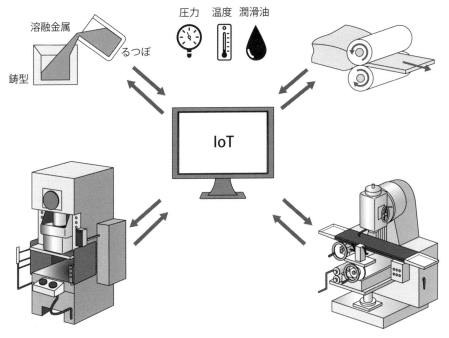

センサーによるインライン数値化一元管理

 Point

● 金属加工条件を各種センサにてインラインで数値化

● 数値を収集し、一元管理

● 数値化し収集したデータの活用

環境対応の金属加工技術

環境に配慮した物づくり推進の高まり

64-1　金属加工における環境対応

　近年、海水面の上昇や異常気象などもあり、これまで以上に環境問題がクローズアップされ、環境問題に対する意識が高まってきています。ある調査によると、日本国民の20代・30代の約7割が環境問題に関心を持っているという結果もあるようです。このような環境問題に対する意識が高まる中、金属加工においても環境に配慮した物づくりを推進していく必要性があります。このような背景を受けて、CO_2削減と切削加工油削減の観点で金属加工の環境対応に関連する話題を2つ紹介します。

　1つ目は、溶解・鋳造に使用する元材についてです。金属加工は、鉱山から鉱物を採鉱し、その鉱物の製錬による元材の製造から始まります。製錬された元材は、溶解・鋳造の地金として使用されて、さまざまな金属加工プロセスを経て金属製品へと仕上がります。例えば、アルミニウムは、その鉱物であるボーキサイトを製錬して地金を製造します。その際に多大な電力を使用しますので、その電力が化石燃料由来の場合、アルミニウム製錬時のCO_2負荷が大きいと言われています。一方、使用済みのアルミニウムをリサイクル材として使用した場合のCO_2負荷は、地金の30分の1との試算もあるようです。

　これまでに人類が製造してきた金属材料は、私たちの社会で使用され続けており、また都市鉱山として蓄積しています。その量は、鉄鋼材料で約324億トン、銅で約3億トン、アルミニウムで約6億トン、亜鉛で約3億トンと言われています。

　金属材料の特徴の1つにリサイクル性があります。金属材料は、しっかりと分離・選別すれば、劣化せずに何度でもリサイクルできます。CO_2削減という観点では、しっかりとライフサイクルアセスメントを行った上で、溶解・鋳造の元材として、鉱物から製錬された地金に対するリサイクル材の使用率を高めていくことも重要になっていく可能性がありそうです。

　2つ目は、機械加工時に使用する切削加工油についてです。金属材料の切削加

工時は、潤滑性や冷却の観点から、切削加工油が使用されます。切削加工時に切削油を使用することにより、工具摩耗の抑制や、被加工物の面粗さと加工効率の向上を図ることができます。

　最近の環境意識の高まりから、切削加工油の使用量削減に向けたセミドライ加工が注目され始めています。セミドライ加工とは、切削加工油を使用しないドライ加工に対して、従来までの多量の切削加工油を使用せずに少量の切削油を塗布して切削加工を行う方法です。工作機械の自動化や高速化に伴い、冷却効率の向上から切削加工油の使用量増加や廃棄油の観点から、セミドライ加工はその使用量の抑制を狙ったものです。セミドライ加工では、工具寿命や被加工物の面粗さの点でまだまだ課題がありますが、切削加工油の削減という環境対応の金属加工技術の1つとして有望な方法と考えられています。

Ⓟoint

● 環境問題に対する意識の高まり
● 溶解・鋳造の原材料としてリサイクル材の使用率
● 切削油の使用量の抑制を狙ったセミドライ加工

Column ⑮

～実は亜鉛合金～

　1970年代に超合金と呼ばれた、関節が自由に動く、重量感のある金属製キャラクターロボット人形がブームになりました。超合金は、ニッケル、あるいはコバルトが主成分の耐熱合金の総称ですが、実は、当時の金属製キャラクターロボット人形は超合金ではなく、亜鉛合金が使用されていました。また、男の子であれば一度は手にしたミニカーも、同様に亜鉛合金が使用されています。これらの金属製キャラクターロボット人形やミニカーは、精密な金型に溶けた亜鉛合金を高速・高圧で注入し、瞬時に製品を成形するダイカストによって作られています。

　今となれば「なーんだ、亜鉛合金だったんだ」となりますが、超合金という言葉は、当時の子供たちに夢を与えてくれました。

⌘ 索　引

＜著者紹介＞

吉村　泰治（よしむら　やすはる）

●略歴

1968年生まれ
1994年3月　芝浦工業大学大学院工学研究科金属工学専攻　修了
1994年4月　YKK株式会社　入社
2004年9月　東北大学工学研究課博士後期課程材料物性学専攻　修了
2016年4月　YKK株式会社　執行役員　工機技術本部　基盤技術開発部　部長
2021年4月　YKK株式会社　専門役員
博士（工学）、技術士（金属部門）

●著書

『パパは金属博士』技報堂出版、2012.4
『銅のはなし』技報堂出版、2019.8
『トコトンやさしい金属材料の本』日刊工業新聞社、2019.10
「生活を支える金属　いろはにほへと」
（『月刊ツールエンジニア』（大河出版）に2013年4月から2019年10月まで隔月連載）
「モノづくりを支える金属元素　いろはにほへと」
（『月刊ツールエンジニア』（大河出版）に2021年2月から隔月連載中）

原材料から金属製品ができるまで
図解よくわかる金属加工　　　　　　　　　　　　　NDC532

2021年9月30日　初版第1刷発行　　　（定価はカバーに表示してあります）

© 著　者　　吉村　泰治
　　発行者　　井水　治博
　　発行所　　日刊工業新聞社
　　　　　　　〒103-8548　東京都中央区日本橋小網町14-1
　　電　話　　書籍編集部　03（5644）7490
　　　　　　　販売・管理部　03（5644）7410
　　ＦＡＸ　　03（5644）7400
　　振替口座　00190-2-186076
　　ＵＲＬ　　https://pub.nikkan.co.jp/
　　e-mail　　info@media.nikkan.co.jp
　　印刷・製本　新日本印刷㈱